灌区引水对黄河干支流水沙影响研究

黄福贵　罗玉丽　等编著

黄河水利出版社
·郑州·

内容提要

本书通过对黄河上中游大中型灌区的调研和资料收集,全面整理计算了灌区引水引沙、排水排沙数据,系统分析了黄河上中游重点灌区引水引沙特点以及宁蒙河段、渭河干流径流输沙的特点及其变化情况,采用不同方法建立了灌区引水引沙与所在河流水沙的关系,定量评价了宁蒙灌区引水对黄河干流水沙变化的影响程度、关中灌区引水对渭河干支流及其入黄水量变化的影响程度,为黄河治理开发与管理决策提供了科学依据。

本书可供从事流域管理、水资源研究等水利专业技术人员、大专院校师生阅读参考。

图书在版编目(CIP)数据

灌区引水对黄河干支流水沙影响研究/黄福贵等编著. —郑州:黄河水利出版社,2012.12
ISBN 978 - 7 - 5509 - 0181 - 0

Ⅰ.①灌… Ⅱ.①黄… Ⅲ.①灌区 – 引水 – 影响 – 黄河 – 河道整治 – 研究 Ⅳ.①TV882.1

中国版本图书馆 CIP 数据核字(2012)第 268990 号

组稿编辑:岳德军　　电话:0371 – 66022217　　E-mail:dejunyue@163.com

出　版　社:黄河水利出版社
　　　　地址:河南省郑州市顺河路黄委会综合楼 14 层　　　邮政编码:450003
发行单位:黄河水利出版社
　　　　发行部电话:0371 – 66026940、66020550、66028024、66022620(传真)
　　　　E-mail:hhslcbs@126.com
承印单位:黄河水利委员会印刷厂
开本:787 mm×1 092 mm　　1/16
印张:13.25
字数:310 千字　　　　　　　　　　　　　　印数:1—1 000
版次:2012 年 12 月第 1 版　　　　　　　　印次:2012 年 12 月第 1 次印刷

定价:39.00 元

前　言

　　黄河流域横跨我国东、中、西部,黄河作为我国西北、华北地区的主要河流,是流域内及沿黄地区最主要的地表水源。黄河以占全国2%的河川径流量,承担着本流域和下游引黄灌区占全国12%人口和15%耕地面积的供水任务。

　　然而,自20世纪80年代以来,随着流域社会经济的快速发展,黄河径流量不断减少。根据1956~2000年系列水文数据核算,黄河多年平均天然径流量为535亿 m^3,较1919~1975年系列水文数据计算的黄河多年平均天然径流量减少45亿 m^3。与1956~1979年水文系列相比,1980~2000年黄河天然径流量减少了18%。

　　造成黄河径流量变化的原因是多方面的,既有气候变化等自然原因,又有大量用水、水土保持拦蓄等人为原因,其中干支流工程引水是导致河流径流量减少的最直接的原因。随着黄河流域及沿黄地区经济的快速发展,黄河干支流上修建了大量的引提水工程,这些引提水工程从河流大量引提水,直接造成河道径流的减少。然而,由于黄河干支流水量的天然联系,以及河流地表水与河道外地下水的密切关系,流域内引提水除一部分消耗于蒸散发或形成产品或被生物利用外,还有部分水量以地表退水的方式回归河流,部分以地下水形式补给河流。

　　河流引水后对河道径流有多大影响?对河道输沙量有多大影响?成为大家日益关注的问题。2006年,中华人民共和国科学技术部开展了“十一五”科技支撑计划项目“黄河健康修复关键技术研究”,并在其课题“黄河流域水沙变化情势评价研究”中设置了专题“人类活动对入黄径流影响程度分析”(2006BAB06B01-03),目标是在1950~1996年黄河水沙变化研究成果的基础上,重点分析黄河上游径流来源区的径流变化及其变化原因;分析上游干流水库运用、宁蒙灌区和关中灌溉引水对干流径流、泥沙的影响。并为此设置了“宁蒙灌区引水对头道拐水文站水沙变化的影响分析”、“关中灌区引水对重点支流径流的影响分析”两个子专题,专门分析黄河干流引黄灌区引水对干流水沙变化的影响、支流灌区引水对支流入黄水量的影响。研究结果表明,灌区所在区域不同,引水后对干流断面水沙变化的影响也有很大差别。宁蒙灌区每引水1亿 m^3,黄河头道拐断面径流量将相应减少0.64亿~0.69亿 m^3,输沙量将相应减少41万~52万 t;关中灌区年引用水量每增大1亿 m^3,渭河年入黄水量就减小约0.9亿 m^3。

　　本书是在“十一五”国家科技支撑计划专题“人类活动对干流径流影响程度分析”中“宁蒙灌区引水对头道拐水文断面径流泥沙影响”和“关中灌区引水对渭河入黄水量的影响”两个子专题研究成果的基础上,经过系统总结、补充和提炼而成的,是课题组全体研究人员辛勤劳动的结晶。这两个子专题研究,是在专题负责人张学成教授级高级工程师、张会敏教授级高级工程师的直接领导下完成的,得到课题负责人姚文艺教授级高级工程师的热情指导。在项目进展中得到黄河水利委员会水调局、水文局,宁夏、内蒙古、陕西等省(区)水利厅、灌区管理局、水文局等水利系统领导和同行的帮助,在此一并表示衷心的感谢!

本书分为两篇,第 1 篇为宁蒙灌区引水对头道拐断面径流泥沙影响分析,内容共 9 章,分别对宁夏引黄灌区和内蒙古河套引黄灌区引排水、引排沙特点进行了分析,对黄河宁蒙河段主要水文断面的径流量、输沙量、含沙量和水文断面之间的水沙变化作了分析,分别采用上下断面径流量关系法、多元回归分析法、上下断面径流量差法和水沙数学模型法等方法,分析了引水对下游河道径流量变化的影响,定量计算了宁夏引黄灌区和内蒙古河套灌区引水对黄河干流主要断面径流、泥沙的影响;第 2 篇为关中灌区引水对渭河入黄径流影响分析,内容共 6 章,主要论述了渭河流域干支流主要灌区及整个关中灌区概况及引水特点,分析了渭河干流及其支流泾河、北洛河主要断面的径流变化,采用多元回归分析法,分析了渭河干流灌区引水对干流径流、支流灌区引水对入渭径流、渭河干支流灌区引水对渭河干流径流及入黄水量的影响。

本书由黄福贵、罗玉丽负责本书各章的修改、全书的统稿和最后的定稿工作。执笔编写人员有罗玉丽、黄福贵、詹小来、张会敏、曹惠提、胡亚伟、卞艳丽等。参加专题研究的还有侯爱中、陈伟伟等同志。在专题研究和本书编写过程中,引用了不少参考文献,借此机会,向这些文献的作者,包括未能列出的参考文献的作者表示衷心的感谢。

本书的出版得到张会敏教授级高级工程师和苏运启教授级高级工程师的大力支持与帮助,黄河水利出版社岳德军副社长和文云霞编辑对书稿进行了认真细致的审校,保证了本书的顺利出版。

黄河水沙变化是一个复杂的问题,本项目仅对灌区引水对黄河干支流主要河段的水沙变化进行了初步研究。由于研究时间有限,不少问题还有待于进一步深入研究。同时,由于作者水平有限,书中不当之处,敬请广大读者批评指正。

作　者

2010 年 12 月

目　录

第1篇 宁蒙灌区引水对头道拐断面径流泥沙影响分析

第 1 章　河段概况

黄河自黑山峡相继进入宁夏、内蒙古境内，分别穿过黑山峡、青铜峡和石嘴山峡，流经卫宁盆地、银川平原和河套平原，在内蒙古准格尔旗马栅乡出境。在此区间，依次有下河沿、青铜峡、石嘴山、巴彦高勒、三湖河口和头道拐 6 个主要水文断面。黄河宁蒙河段自下河沿至头道拐，全长 980 km，为黄河上游的下段。该河段为黄河干流游荡性河段之一，水沙变化和河床演变复杂，在天然水沙情况下处于微淤状态。由于区间水系复杂，支流洪水对干流河道影响较大，再加之区间引水量较大和上游水库的运用改变了天然径流过程，水沙条件发生了很大变化。

宁蒙灌区引水和退水主要在下河沿—头道拐河段，因此本书所指黄河宁蒙河段为黄河干流从下河沿断面到头道拐断面的河段，并以石嘴山为界将之分为宁夏河段和内蒙古河段两部分。

1.1　宁夏河段

黄河干流分别以下河沿断面、石嘴山断面作为进、出宁境的控制断面，黄河宁夏河段全长 318 km。下河沿—石嘴山（简称下—石）区间沿黄河两岸，除黄河支流在宁夏境内的入黄口外，还分布有宁夏引黄灌区从黄河干流引水的引水渠口和灌区退水口，以及青铜峡水利枢纽。

1.1.1　支流

黄河干流进入下河沿断面以后，沿黄河两岸不断有山洪沟汇入干流。除清水河、苦水河和红柳沟等少数河沟有常流水外，绝大多数均为季节性河流。

1.1.1.1　清水河

清水河是宁夏直接入黄的最大支流，流域面积 14 481 km²，河长 320 km，水文特点是水少沙多、水土流失严重、水质差，反映出干旱、半干旱区河流特征。

清水河年降水量由上游的 600 mm 降至下游的 200 mm，相差 3 倍，流域平均降水量 349 mm，降水总量 50.5 亿 m³。固原的七营、苋麻河以南为年降水量 400 ~ 600 mm 的半干旱区，以北为年降水量 400 ~ 200 mm 的干旱区。

清水河年径流深由上游的 100 mm 降至下游的 3 mm,平均 14.9 mm。平均年径流量 2.16 亿 m³,每平方千米产水 1.49 万 m³。全流域现有中小型水库 91 座,总库容 5.55 亿 m³,现灌 22.1 万亩❶农田。年平均还原水量 0.98 亿 m³,占天然径流量的 45%,其中灌溉占 28%,水库蒸发占 7%,悬移质泥沙淤积占 8%,生活用水占 1%,水库蓄变水量占 1%。韩府湾以上面积 4 935 km²,占全河的 1/3;年径流量 1.43 亿 m³,占全河的 2/3,平均径流模数 2.9 万 m³/km²。韩府湾以下年径流模数 0.8 万 m³/km²。径流年际年内变化不均,变差系数 C_v 一般为 0.6 ~ 0.7,泉眼山站为 0.45。历年最大天然年径流量 5.16 亿 m³(1964 年),最小 0.898 亿 m³(1960 年),相差近 5 倍。汛期(6 ~ 9 月)平均径流量 1.56 亿 m³,占全年的 72%。除清水河上游区在丰水年能基本自给外,其他年份缺水,中下游地区每年少水或干涸,需引泾河水及黄河水解决。

清水河为多泥沙河流,悬移质年平均含沙量 229 kg/m³,输沙量 4 940 万 t。其中,水库等水利水保措施拦蓄沙量,即还原输沙量 2 450 万 t,占天然沙量的 50%。流域平均每平方千米产沙 3 410 t。中部泥沙大,例如,折死沟冯川里水文站年平均输沙模数 7 710 t/km²,1964 年最大输沙模数 30 000 t/km²,1959 年实测最大断面含沙量 1 580 kg/m³,为水土流失严重地区。

流域内苦水分布广,含盐量高,上游较低,中下游较高。上游固原站年平均矿化度为 0.65 g/L,中游韩府湾为 3.6 g/L,下游泉眼山站为 5.1 g/L,支流苋麻河、双井子沟、折死沟、西河、金鸡儿沟大部分为年平均矿化度 7 g/L 以上的苦水,其中金鸡儿沟高达 8.6 g/L。2 g/L 以下的淡水区(头营、吴家磨上游)面积占全河的 5%,年水量 0.60 亿 m³,占全河的 28%。2 ~ 5 g/L 的咸水区面积占全河 38%,咸水量 0.86 亿 m³,占全河的 40%。5 g/L 以上的苦水区面积占全河的 57%,苦水量 0.70 亿 m³,占全河的 32%。

1.1.1.2　红柳沟

红柳沟发源于同心县小罗山,经中宁县鸣沙州入黄河。流域面积 1 064 km²。水文特点是干旱、径流少、泥沙大。平均年降水量 265 mm,总降水量 2.82 亿 m³。水资源量 620 万 m³,每平方千米产水量 0.58 万 m³。年输沙量 239 万 t,平均含沙量 385 kg/m³。年平均矿化度 3 ~ 5 g/L。下游进入灌区后有灌溉回归水加入,回归水量 290 万 m³,占实测水量的 1/3。红柳沟的罗山区为少水区,大部分地区为干涸区。

1.1.1.3　苦水河

苦水河发源于甘肃环县沙坡子沟脑,经灵武县新华桥注入黄河,流域面积 5 218 km²。水文特点是干旱、径流极少、水质差,为干旱区间歇性河流。区内平均年降水量 265 mm,总降水量 13.1 亿 m³。水资源量 1 550 万 m³,每平方千米产水量 0.30 万 m³。年输沙量 545 万 t,含沙量 352 kg/m³,输沙模数 1 040 t/km²。年平均矿化度 4.5 g/L。进入灌区后接纳灌区回归水,平均年排水量 2 620 万 m³,占实测年水量的 2/3。苦水河除在郝家台以上为少水区外,大部分地区为干涸区。

宁夏河段主要支流基本情况见表 1-1。

---

❶　1 亩 = 1/15 hm²,全书同。

表 1-1　宁夏河段主要支流基本情况

支流名称	河长(km)	汇流面积(km²)	径流量(亿 m³)	汇入河段
清水河	320	14 481	2.16	下河沿—青铜峡
苦水河		5 218	0.155	青铜峡—石嘴山
红柳沟		1 064	0.06	青铜峡—石嘴山

1.1.2　水利工程

宁夏河段的水利工程可分为蓄水工程和引水工程。

1.1.2.1　蓄水工程

宁夏黄河干流上现有大型水利枢纽 1 座,即青铜峡水利枢纽。青铜峡水利枢纽是黄河上游龙青段水电梯级开发规划中的最后一级水电站,是以灌溉为主,兼有发电、防洪、防凌、城市供水等综合利用为一体的水利枢纽工程。工程于 1958 年 8 月开工,1960 年电站截流后开始发挥灌溉效益。1967 年,完全由中国人设计、建造的青铜峡电厂第一台机组正式发电。青铜峡水库地跨一市、一县、一农场,正常蓄水位为 1 156 m,相应设计库容为 6.06 亿 m³,水库面积为 113 km,最大回水长度为 46 km。坝前 8 km 为峡谷区,宽 500 ~ 600 m,峡谷上游比较宽广,一般宽 6 km,最宽达 10 km。水库设计洪水采用百年一遇洪水,流量为 7 300 m³/s,相应水位为 1 157 m(大沽高程)。校核洪水采用千年一遇洪水,流量为 9 280 m³/s,相应水位 1 158.8 m。水库的蓄水运行使宁夏平原的灌溉面积由新中国成立初期的 140 万亩扩大至 550 万亩。至 2005 年底,累计发电量 310 亿 kW·h。由于建库初期的蓄水运行使库容快速淤损,后改变了运用方式,但库区仍缓慢淤积,现在只剩下 5% 的库容。

1.1.2.2　引水工程

黄河进入宁夏段,不断地被两岸灌区引用。宁夏沿黄河两岸主要为卫宁和青铜峡两大自流引黄灌区,还有固海和陶乐扬水灌区,灌区的引水口主要分布在下河沿—青铜峡河段。目前,宁夏河段直接从黄河干流引水的工程有 10 处,设计引水能力达 804.38 m³/s。其中:卫宁灌区引水闸 5 处,分别为美利总干渠、跃进渠、七星渠、羚羊寿渠、羚羊角渠引水闸,设计引水能力 146 m³/s;青铜峡灌区引水闸 3 处,分别为河东总干渠、东干渠和河西总干渠引水闸,设计引水能力 619 m³/s;固海扬水站设计扬水能力 25 m³/s;陶乐扬水站设计扬水能力 14.38 m³/s。宁夏河段主要引水工程基本情况见表 1-2。

表 1-2　宁夏河段主要引水工程基本情况

引水工程名称	设计引水能力(m³/s)	许可取水量(亿 m³)	取水地点	引水所在河段	所属灌区
美利总干渠引水闸	47	5.20	中卫市沙坡头水利枢纽黄河左岸	下河沿—青铜峡	卫宁灌区
跃进渠引水闸	28	2.79	中卫市镇罗镇张圆黄河左岸	下河沿—青铜峡	卫宁灌区

引水工程 名称	设计引水能力 （m³/s）	许可取水量 （亿 m³）	取水地点	引水所在 河段	所属灌区
七星渠 引水闸	58	7.38	中卫市申滩 黄河右岸	下河沿—青铜峡	卫宁灌区
羚羊寿渠 引水闸	12			下河沿—青铜峡	卫宁灌区
羚羊角渠 引水闸	1			下河沿—青铜峡	卫宁灌区
河东总干渠 引水闸	115	9.63	青铜峡坝上右岸	下河沿—青铜峡	青铜峡灌区
东干渠 引水闸	54	5.00	青铜峡坝下 右岸	下河沿—青铜峡	青铜峡灌区
河西总干渠 引水闸	450	42.85	青铜峡坝下 左岸	下河沿—青铜峡	青铜峡灌区
固海扬水泉 眼山泵站	25	2.00	中宁县泉眼山 黄河右岸	下河沿—青铜峡	固海扬水 灌区
陶乐扬水站	14.38			下河沿—青铜峡	陶乐灌区

1.2　内蒙古河段

黄河干流从宁夏石嘴山进入内蒙古自治区,流经区内的乌海、巴彦淖尔、鄂尔多斯、包头、呼和浩特 5 市,在鄂尔多斯市榆树湾出境,境内河长 830 km,占黄河总长的 1/6。自三道坎以下河槽展宽、水流平缓;三盛公以下至昭君坟河道多弯、河床变迁大、主流摆动不定,为游荡型与蜿蜒型之间的过渡型河段;至包头昭君坟河段,两岸都有基岩露头,是黄河三道坎至喇嘛湾间最稳定的一段河床,昭君坟以下至托克托县蒲滩拐,河道又变开阔,为蜿蜒型河段;蒲滩拐以下至喇嘛湾河段为平原型河段向山区型河段过渡的河段;喇嘛湾以下进入峡谷山地,水流湍急。

内蒙古境内引黄灌区的引水、退水主要集中在石嘴山断面—头道拐断面,因此本书黄河内蒙古河段以石嘴山断面作为进入内蒙古的控制断面,以头道拐断面作为出内蒙古的控制断面,河段全长 663 km。

1.2.1　支流

内蒙古河段汇入黄河的大小山沟共 324 条,多为多泥沙河流,其中在三湖河口—头道拐汇入黄河干流的十大孔兑为较大的支流。内蒙古河段主要支流基本情况见表 1-3。

十大孔兑是指发源于鄂尔多斯台地,自南向北流经库布齐沙漠汇入黄河的毛不拉孔兑、卜尔色太沟、黑赖沟、西柳沟、罕台川、壕庆河、哈什拉川、母花河、东柳沟、呼斯太河等十条山洪沟,蒙古语称为十大孔兑。这十大孔兑均位于内蒙古鄂尔多斯市境内,流域形态相似,南北狭长,呈羽毛状,河长 34.2 ~ 110.9 km,总面积 10 767 km²,其中丘沙区 8 803.1

km²（准格尔旗 339 km²，达拉特旗 6 268.4 km²，东胜区 891.2 km²，杭锦旗 1 304.5 km²），平原区 1 963.9 km²，水土流失面积 8 361.8 km²（准格尔旗 305.3 km²，达拉特旗 6 017.7 km²，东胜区 762.9 km²，杭锦旗 1 275.9 km²）。平均侵蚀模数 10 000 t/(km²·a)，平均径流量 13 241 万 m³，径流模数 2.47 万 m³/(km²·a)，年输沙量 2 711 万 t，输沙模数 3 670 t/(km·a)，年均降水量西部不足 250 mm，东部逐渐增至 350 mm，年均大风日数 24 d，最大风速达 28 m/s。

表 1-3　内蒙古河段主要支流基本情况

支流名称	河长(km)	汇流面积(km²)	径流量(万 m³)	汇入河段
毛不拉孔兑	111	1 261	901	三湖河口—头道拐
卜尔色太沟	74	545	430	三湖河口—头道拐
黑赖沟	89	944	998	三湖河口—头道拐
西柳沟	106	1 194	3 220	三湖河口—头道拐
罕台川	90	880	1 880	三湖河口—头道拐
壕庆河	29	213	335	三湖河口—头道拐
哈什拉川	92	1 089	3 510	三湖河口—头道拐
母花河	77	407	708	三湖河口—头道拐
东柳沟	75	451	669	三湖河口—头道拐
呼斯太河	65	406	590	三湖河口—头道拐

十大孔兑上游属鄂尔多斯高原黄土丘陵沟壑区，面积为 4 610.4 km²，是半农半牧区，丘陵起伏，沟壑纵横，地表坡度一般在 40 ℃ 左右，最大达 70 ℃。地表覆盖有极薄的风沙残积土，颗粒较粗。下伏地层有大面积砒砂岩出露，极易遭受侵蚀。十大孔兑中游有库布齐沙漠横贯东西，面积 4 192.7 km²。罕台川以西多属流动沙丘，面积 2 934 km²，罕台川以东为半流动沙丘，面积为 1 259 km²。十大孔兑下游为洪积、冲积平原，地势平坦，土地肥沃，面积 1 964 km²。十大孔兑流域水土流失严重，主要危害是山洪灾害，其根源是中上游地区水土流失和风沙所致，使极其脆弱的生态环境进一步恶化，不仅严重制约当地国民经济的可持续发展，而且对黄河及其下游造成严重危害。

十大孔兑大都是含沙量极大的季节性河流，这些河流洪水陡涨陡落并挟带大量泥沙注入黄河，对其水量难以进行有效的控制和利用。

1.2.2　水利工程

内蒙古河段的水利工程主要为三盛公水利枢纽和各灌区的引水工程。

1.2.2.1　三盛公水利枢纽

三盛公水利枢纽位于磴口县巴彦高勒镇（原名三盛公）东南，内蒙古自治区巴彦淖尔市磴口县、鄂尔多斯市杭锦旗、阿拉善盟阿左旗接壤处。枢纽西北为乌兰布和大沙漠，东面为河套平原，属蒸发强烈、降水少的干旱地区。

三盛公水利枢纽是新中国成立之后,在黄河干流上游建设的主要工程之一,是以灌溉为主,兼顾发电和部分供应包钢工业用水等具有综合效益的水利工程。该枢纽是全国三个特大型灌区——内蒙古河套灌区和黄河南岸灌区的引水龙头工程,也是黄河上唯一的以灌溉为主的一首制引水大型平原闸坝工程,灌溉面积达870万亩。枢纽于1961年5月基本建成并投入运行,主要建筑物有:设计最大过闸流量为8 670 m^3/s 的18孔拦河闸,正常引水流量分别为565 m^3/s、80 m^3/s、75 m^3/s 的北总干渠、沈乌干渠和南干渠进水闸,与北总干渠进水闸、拦河闸共同截断黄河的2 000多 m 的拦河土坝,以及其上游左、右岸的导流堤(3.4 km)、库区围堤(16.5 km)等。枢纽年均引水量45亿 m^3,灌期灌区引水量占同期黄河来水量的21.5%,主要供给河套灌区和黄河南岸灌区用水。拦河闸下泄最小流量保证100 m^3/s,以满足包钢工业和下游灌区用水。总干渠渠首电站第一期装机2 000 kW,与乌达、海勃湾及临河、杭锦后旗等地区联网,供企业排灌用电。以这一枢纽为起点,在黄河北岸和南岸修了两条平行于黄河的总干渠,总长400多 km。各干渠由总干渠引水,基本结束了多口引水、无坝自流的落后状况,保证了灌溉用水,减少了黄河水入渠的泥沙量,大大减轻了清淤的负担。

1.2.2.2 引水工程

内蒙古河段主要引水工程有6处,分别为河套灌区的总干渠引水闸和沈乌干渠引水闸、黄河南岸灌区的南干渠引水闸以及镫口电力扬水站、团结渠电力扬水站、麻地壕扬水站。其中,河套灌区和黄河南岸灌区的3处引水闸均从三盛公水利枢纽引水,处于石嘴山—三湖河口河段;镫口电力扬水站、团结渠电力扬水站、麻地壕扬水站则处于三湖河口—头道拐河段。内蒙古河段主要引水工程基本情况见表1-4。

表1-4 内蒙古河段主要引水工程基本情况

引水工程名称	设计引水能力(m^3/s)	许可取水量(亿 m^3)	取水地点	引水所在河段	所属灌区
总干渠引水闸	565	4.5	磴口三盛公水利枢纽左岸	石嘴山—三湖河口	河套灌区
沈乌干渠引水闸	80	43.2	磴口三盛公水利枢纽右岸	石嘴山—三湖河口	河套灌区
南干渠引水闸	75	4.1	磴口三盛公水利枢纽左岸	石嘴山—三湖河口	黄河南岸灌区
镫口电力扬水站		2.6	包头东河磴口村黄河左岸	三湖河口—头道拐	镫口灌区
团结渠电力扬水站		0.7	土右旗明沙淖乡五犋牛窑村南黄河左岸	三湖河口—头道拐	民族团结灌区
麻地壕扬水站		0.6	托县麻地壕村黄河左岸	三湖河口—头道拐	麻地壕灌区

第2章　灌区概况

自古就有"黄河百害,唯富一套"的说法,其"一套"就是指位于黄河中上游地区的河套平原。习惯上,河套平原包括宁夏的青铜峡到内蒙古喇嘛湾之间的黄河两岸平原。其中,青铜峡至石嘴山之间的银川平原又称前套平原;巴彦高勒与西山嘴之间的巴彦淖尔平原又称后套平原;包头、呼和浩特、喇嘛湾之间的平原又称土默川平原。河套平原地势平坦,土壤肥沃,但降水稀少,因此远自秦汉时代就开始了引黄河水灌溉。借助便利的引水条件,河套平原沿黄河两岸逐渐发展形成了宁夏卫宁灌区及青铜峡灌区,内蒙古河套灌区、黄河南岸灌区、磴口扬水灌区、民族团结灌区、麻地壕扬水灌区、滦井滩灌区及沿黄小灌区。按照灌区所处地理位置,习惯上将宁夏卫宁灌区和青铜峡灌区、内蒙古河套灌区及黄河南岸灌区统称为宁蒙河套灌区,其中内蒙古河套灌区和黄河南岸灌区统称为内蒙古河套灌区。

2.1　宁夏引黄灌区

宁夏引黄灌区是我国四大古老灌区之一,位于黄河上游下河沿与石嘴山两水文站之间。沿黄河两岸,川地呈J形带状分布。以青铜峡水利枢纽为界,其上游为卫宁灌区,下游为青铜峡灌区。由于黄河河道的自然分界,卫宁灌区又划分为河北灌区和河南灌区,青铜峡灌区又划分为河东灌区和河西灌区。

1967年青铜峡水利枢纽的建成和2004年沙坡头水利枢纽的建成,极大地改善了青铜峡灌区和卫宁灌区的引水条件,使两灌区主要引水渠由无坝引水变为有坝引水,提高了引水保证率,促进了宁夏引黄灌区的快速发展。

2.1.1　引水渠系工程

宁夏引黄灌区共有大中型引水干渠17条,设计灌溉面积426万亩,有效灌溉面积473万亩,设计供水能力816 m³/s,现状供水能力812 m³/s,总干渠引水能力866 m³/s。卫宁灌区的引水渠有美利渠、跃进渠、七星渠、羚羊寿渠、羚羊角渠、固海扬水泵站等,引水能力181 m³/s,灌溉面积87万亩。青铜峡灌区有河东总干渠、河西总干渠和东干渠。从河东总干渠分水的干渠有秦渠、汉渠和马莲渠,从河西总干渠分水的干渠有唐徕渠、汉延渠、惠农渠、西干渠、大清渠、泰民渠等。干渠总长1 026 km,引水能力685 m³/s,灌溉面积386万亩。

宁夏引水口主要位于黄河下河沿水文站—青铜峡水文站,在下河沿以上的引水口只有美利渠、羚羊角渠,在青铜峡以下的引水口只有陶乐灌区扬水站。本次分析下河沿水文站资料采用河道与美利渠合成资料,所以宁夏引水量即为下河沿—青铜峡河段引水量。宁夏引黄灌区引黄工程基本情况见表2-1。

表 2-1 宁夏引黄灌区引黄工程基本情况

灌区名称		引水渠名称	水源	引水能力 （m³/s）	灌溉面积 （hm²）	2000 年引水量 （亿 m³）	水文站或 监测站
卫宁灌区	河北灌区	美利总干渠	黄河	47	17 300	4.87	下河沿
		跃进渠	黄河	28	10 000	2.71	胜金关
	河南灌区	七星渠	黄河	58	22 700	6.59	申滩
		羚羊寿渠	黄河	12	7 500	1.09	羚羊寿渠
		羚羊角渠	黄河	1	500	0.12	羚羊角渠
	固海	固海扬水	黄河	25	38 700	2.12	泉眼山
青铜峡灌区	河东灌区	河东总干渠	黄河	131	38 000		青铜峡
		秦渠	河东总干渠	65.5	30 700	5.72	秦坝关
		汉渠	河东总干渠	33.5	8 700	2.75	余家桥（2）
		马莲渠	河东总干渠	21	5 100	1.49	余家桥
		东干渠	黄河	45	26 300	4.65	东干渠
	河西灌区	河西总干渠	黄河				青铜峡
		西干渠	河西总干渠	60	40 000	7.14	西干渠
		唐徕渠	河西总干渠	152	54 900	16.17	大坝
		汉延渠	河西总干渠	80	36 000	7.9	小坝
		惠农渠	河西总干渠	97	43 300	10.83	龙门桥
		大清渠	河西总干渠	25	7 000	1.94	大坝
		泰民渠	河西总干渠	19	5 700	1.55	泰民渠
		陶乐扬水渠	黄河			0.73	陶乐

2.1.2 排水工程

宁夏引黄灌区内沟渠纵横,湖泊、洼地连片,经过 20 世纪五六十年代大规模整修,建立起骨干排水沟。之后经过陆续整修,灌区排水系统逐步完善起来。1994 年,经过宁夏水文水资源勘测局勘察,引黄灌区共有直接入黄和汇入排水监测水文站断面以下排水沟223 条(其中,直接入黄一级排水沟 177 条,水文站以下二级排水沟 46 条),排水能力 600 m³/s。其中,由水文站监测控制的排水沟 24 条,排水面积 4 363 km²。另外,灌区有电排站 178 座,装机容量 1.59 万 kW,排水能力 159 m³/s;机电排水井 3 081 眼,排水能力41.95 m³/s。这些电排站和排水井的排水一般汇入排水沟中入黄。较大的排水沟有卫宁灌区的第一排水沟、南河子,青铜峡灌区的清水沟,第一、第二、第三、第四、第五排水沟等。另外,天然河道苦水河、红柳沟兼有灌区部分排水功能。

宁夏引黄灌区主要排水沟基本情况见表 2-2。

由于美利渠、河东总干渠、河西总干渠在渠首及分水闸处设有多个监测站,为统一起见,本次引水量计算中引水控制站分别为:美利渠采用美利渠总干渠下河沿站,河东总干渠采用秦渠秦坝关站、汉渠余家桥(二)站、马莲渠余家桥站、东干渠东干渠站,河西总干渠采用西干渠西干渠站、唐徕渠大坝站、汉延渠小坝站、惠农渠龙门桥站、大清渠大坝站、泰民渠泰民渠站。各引水渠道及其引水控制站详见表2-1。

表 2-2　宁夏引黄灌区主要排水沟基本情况

灌区		排水沟名称	排入河沟	排水能力（m³/s）	排水面积（km²）	2000 年排水量（亿 m³）	水文站或监测站
卫宁灌区	河北灌区	中卫一排	黄河	11.5	164	1.81	胜金关
	河南灌区	南河子	黄河	40	117	2.71	南河子
		北河子	黄河	15	46.4	0.485	南河子
		红柳沟	黄河		2.25	0.079	鸣沙洲
青铜峡灌区	河东灌区	金南干沟	黄河	16	72	1.155	郭家桥
		清水沟	黄河	30	192	2.824	郭家桥
		苦水河	黄河	50	119	1.609	郭家桥
		灵南干沟	苦水河	8.3	69.4	0.921	郭家桥
		东排水沟	黄河	12.6	91.4	1.033	郭家桥
		西排水沟	黄河	8	61.4	0.492	郭家桥
	河西灌区	大坝沟	黄河	3	39.6	0.477	望洪堡
		中沟	黄河	10	79.6	1.378	望洪堡
		反帝沟	黄河	15	60	0.648	望洪堡
		中滩沟	黄河	10	62.8	1.077	望洪堡
		胜利沟	黄河	5	25.6	0.443	望洪堡
		一排	黄河	35	206	3.048	望洪堡
		中干沟	黄河	11	55.6	0.983	望洪堡
		永清沟	黄河	18.5	52.8	1.026	贺家庙
		永二干沟	黄河	15.5	124	1.007	贺家庙
		二排	黄河	25	287	1.025	贺家庙
		银新沟	黄河	45	126	1.23	贺家庙
		四排	黄河	54	744	4.152	通伏堡
		五排	黄河	56.5	592	1.616	熊家庄
		三排	黄河	31	974	2.628	达家梁子

灌区已控排水量采用表2-2中24个排水渠道监测站作为排水控制站,宁夏引黄灌区监测站分布情况见图2-1。

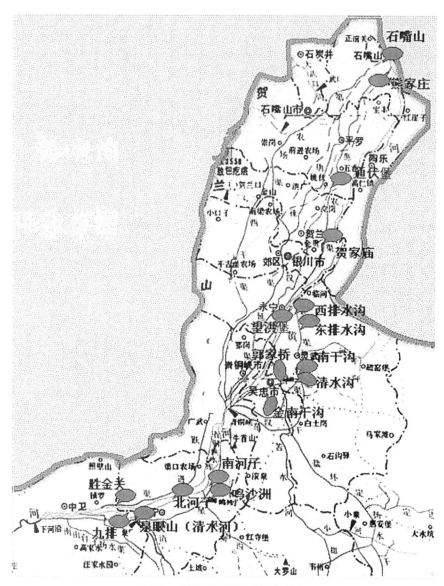

图 2-1　宁夏引黄灌区监测站分布

2.2　内蒙古引黄灌区

　　内蒙古引黄灌区由河套灌区、黄河南岸灌区、磴口扬水灌区、民族团结灌区、麻地壕扬水灌区、滦井滩灌区及沿黄小灌区组成。地理位置为东经 106°20′~112°06′,北纬 37°35′~41°18′,东西长约 480 km,南北宽 10~415 km,总面积约 2.13 万 km²,现状总灌溉面积 1 168.68 万亩,涉及巴彦淖尔市、鄂尔多斯市、包头市、呼和浩特市、乌海市、阿拉善盟等的 17 个旗县(市、区)。内蒙古引黄灌区属干旱半干旱地区,年降水量 130~400 mm,由西向东递增;年蒸发量 1 840~2 390 mm,由东向西递增。30 万亩以上的大型灌区 4 处,灌溉面积 1 096.06 万亩,占内蒙古引黄灌区总面积的 93.8%,其中内蒙古河套灌区为全国特大型灌区,灌溉面积861.54万亩,占灌溉总面积的73.7%。内蒙古引黄灌区灌溉情况见表2-3。

表2-3　内蒙古引黄灌区灌溉情况　　　　　　　　　　　　　　　　（单位:万亩）

灌区名称	行政区	土地面积	耕地面积	现状灌溉面积
河套灌区	巴彦淖尔市	1 679.31	1 395.30	861.54
黄河南岸灌区	鄂尔多斯市	719.90	267.00	139.62
镫口扬水灌区	包头市、呼和浩特市	191.80	146.60	63.50
民族团结灌区	包头市	74.70	46.00	22.50
麻地壕灌区	呼和浩特市	177.15	94.06	31.40
大黑河灌区	呼和浩特市、乌兰察布市	240.98	132.64	24.72
沿黄小灌区	乌海市、包头市、呼和浩特市			25.40
合计		3 083.84	2 081.60	1 168.68

2.2.1　引水渠系工程

目前,内蒙古引黄灌区有引水总干渠5条,长365.66 km,已衬砌6.3 km,占总长的1.7%;干渠67条,长1 504.08 km,已衬砌105.56 km,占总长的7.0%;分干渠56条,长1 182.88 km,已衬砌54.47 km,占总长的4.6%。灌区骨干渠系工程现状详见表2-4。

表2-4　内蒙古引黄灌区骨干渠系工程现状

灌区名称	渠道	数量（条）	长度（km）	衬砌长度（km）	规模（m³/s）	渠系水利用系数（%）
河套	总干渠	1	180.85		565.0~78.0	0.42
	干　渠	13	779.74	55.86	93.0~2.6	
	分干渠	48	1 069	24.67	25.0~1.0	
	支　渠	339	2 218.5	20	15.0~0.5	
黄河南岸	总干渠	1	148		40.0~19.0	自流0.35 提水0.51
	干　渠	45	446.65	16.5	0.7~4.5	
	支　渠	122	328.15		0.5~2.5	
镫口	总干渠	1	18.05	6.3	50	0.51
	干　渠	3	132.1		7.0~22.0	
	支　渠	89	336		0.5~2.5	
民族团结	总干渠	1	13.86		25.3	0.46
	干　渠	3	98.3	22.7		
麻地壕	总干渠	1	4.9		8.0~40.0	0.42
	干　渠	3	47.29	10.5	8.0~18.6	
	分干渠	8	113.88	29.8	8.0~18.6	
	支　渠	48	207.37	7.5	0.8~2.0	
总干渠合计		5	365.66	6.3		
干渠合计		67	1 504.08	105.56		
分干渠合计		56	1 182.88	54.47		
支渠合计		598	3 090.02	27.5		

2.2.2　排水工程

由于引黄灌区大部分兴建于20世纪五六十年代,灌排工程不配套,土默特川(包括镫口、民族团结、麻地壕灌区)和黄河南岸灌区基本没有排水渠道,处于有灌无排状态。内蒙古引黄灌区排水渠道主要分布在河套灌区。河套灌区排水系统分为七级,其中总排干沟1条,全长228 km;干沟12条,全长503 km,分干沟59条,全长925 km;支沟297条,全长1 777 km;斗、农、毛渠17 322条,全长10 534 km。详见表2-5。

表2-5　河套灌区排水工程现状

项目		条数			长度		
		规划	已建	已建占规划（%）	规划（km）	已建（km）	已建占规划（%）
排水系统	干　沟	12	12	100	509.96	503.28	98.7
	分干沟	68	59	86.8	1 200.12	925.54	77.1
	支　沟	329	297	90.3	2 017.99	1 777.2	88.1
	斗　沟	2 232	1 514	67.8	4 643.81	2 536.6	54.6
	农　沟	12 674	3 171	25.0	12 858.27	2 902.3	22.6
	毛　沟	75 487	12 637	16.7	50 630.58	5 095.1	10.1
	支沟以上小计	409	368	90.0	3 728.07	3 206.02	86.0
	支沟以下小计	90 393	17 322	19.2	68 132.66	10 534	15.5
	合　计	90 802	17 690	19.5	71 860.73	13 740.02	19.1

2.2.3　引退水监测

内蒙古引黄灌区位于黄河干流石嘴山—头道拐河段,其中河套灌区和黄河南岸灌区位于黄河上游石嘴山—三湖河口河段,前者经由沈乌干渠、总干渠从黄河干流引水,退水主要通过二闸、三闸、四闸直泄,渡口、南一等排水沟直排以及乌梁素海西山嘴排水入黄;后者经由南干渠引水,通过灌区排水沟等退水入黄;镫口灌区、麻地壕灌区和民族团结等灌区位于三湖河口—头道拐河段,由镫口总干渠、民族团结渠等渠首泵站从黄河提水。

内蒙古引黄灌区的引水监测较为完善,主要引水渠道一般由黄河水利委员会水文局、内蒙古黄河工程局、河套灌溉总局或县水电局设有水文站或监测站。本书采用如表2-6所示的监测站作为引退水量分析的主要控制站。

表2-6　内蒙古引黄灌区引退水量监测站

分类	名称	所属灌区	监测站
引水工程	总干渠	河套灌区	总干渠巴彦高勒（总）站
	沈乌干渠		沈乌干渠巴彦高勒（沈）站
	南干渠	黄河南岸灌区	南干渠巴彦高勒（南）站
	镫口泵站	镫口灌区	镫口渠首泵站
退水工程	二闸	河套灌区	二闸
	三闸		三闸
	四闸		四闸
	西山嘴		乌梁素海西山嘴（退三、四）站
		黄河南岸灌区	

宁夏、内蒙古引黄灌区分布见图2-2。

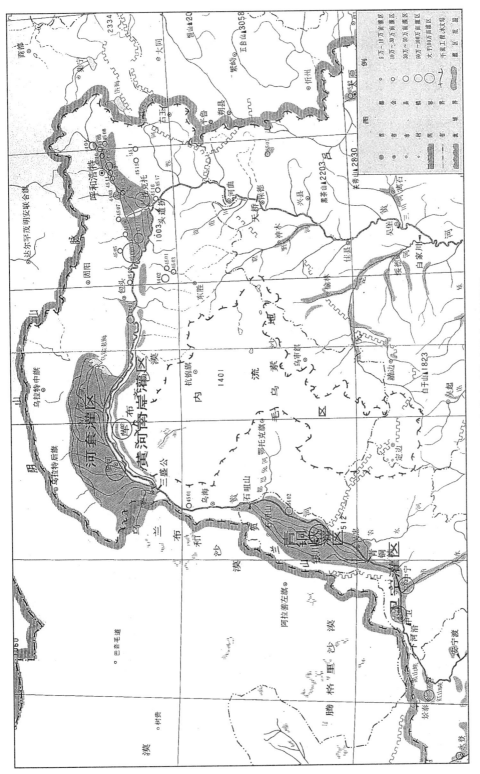

图 2-2 宁夏、内蒙古引黄灌区分布示意图

第3章 灌区引退水特点分析

3.1 宁夏引黄灌区引排水特点

3.1.1 宁夏引黄灌区引水特点

宁夏引黄灌区引水时间集中在每年的4月中旬至9月下旬(主灌溉期)和10月下旬至11月下旬(冬灌期)两个时段,年引水历时7~8个月,引水历时较长。多年平均引水量64.7亿 m³(1950~2005年系列),占下河沿水文站多年平均实测径流量的22%。2000~2006年平均引水量达70.6亿 m³,占下河沿水文站同期平均实测径流量的30%。

3.1.1.1 年引水量

1950年以来,宁夏引黄灌区的引水量呈逐步递增趋势,青铜峡水利枢纽运用后的1969年达到75.94亿 m³,1999年达到89.5亿 m³,1999年以后引水量呈明显下降趋势,并在2003年降至近年来的最小值54.0亿 m³(见图3-1)。从年代平均引水量来看,20世纪50~90年代,平均引水量逐步增加,分别为41.6亿 m³、56.9亿 m³、66.82亿 m³、71.29亿 m³、83.0亿 m³,21世纪后平均引水量大幅度回落至70.6亿 m³。

图3-1 宁夏引黄灌区引水量过程

1997~2006年,宁夏引黄灌区年平均引水量75.94亿 m³,占同期黄河下河沿站径流量的33%。其中,卫宁灌区年平均引水量18.60亿 m³,青铜峡灌区年平均引水量57.34亿 m³,分别占宁夏引黄灌区年平均引水量的24%、76%(见表3-1)。

1997~2006年平均引水量与多年平均(1956~2005年)引水量比较,宁夏引黄灌区引水量增加了8.23亿 m³,增加了12%;引水量占下河沿站径流量的比例(引水率)由22.6%增加到33.8%。1997~2006年平均引水量与1990~1996年平均引水量比较,宁夏引黄灌区引水量减少了7.08亿 m³,减少了9%(见表3-1)。

表 3-1　宁夏灌区不同时段年引水量及其变化对比

时段	年平均引水量(亿 m³)			1997～2006 年引水量与其他时段比较					
				宁夏引黄灌区		卫宁灌区		青铜峡灌区	
	宁夏引黄灌区	卫宁灌区	青铜峡灌区	变化量(亿 m³)	比例(%)	变化量(亿 m³)	比例(%)	变化量(亿 m³)	比例(%)
1950～2006 年	64.75	15.62	49.13	11.19	17	2.98	19	8.21	17
1950～1959 年	41.60	11.54	30.06	34.34	83	7.06	61	27.28	91
1960～1969 年	56.89	14.64	42.24	19.05	33	3.96	27	15.10	36
1970～1979 年	66.82	16.06	50.76	9.12	14	2.54	16	6.58	13
1980～1989 年	71.29	15.30	55.99	4.65	7	3.30	22	1.35	2
1990～1999 年	83.02	19.10	63.92	−7.08	−9	−0.50	−3	−6.58	−10
2000～2006 年	70.62	17.66	52.96	5.32	8	0.94	5	4.38	8
1956～2000 年	67.71	16.21	51.50	8.23	12	2.39	15	5.84	11
1997～2006 年	75.94	18.60	57.34	0	0	0	0	0	0

3.1.1.2　汛期引水量

每年 7～10 月为黄河的主汛期,从 1956～2005 年多年平均引水量来看,宁夏引黄灌区 7～10 月引水量约占年引水量的 45%,其中卫宁灌区、青铜峡灌区分别为 46%、45%。

1997～2006 年,宁夏引黄灌区汛期平均引水量为 30.27 亿 m³,占同期年引水量的 40%;其中卫宁灌区汛期平均引水量 7.55 亿 m³,占同期年引水量的 41%;青铜峡灌区汛期平均引水量 22.72 亿 m³,占同期年引水量的 40%(见表 3-2)。各灌区汛期引水量占年引水量的比例均较多年平均情况有所减小。

1997～2006 年汛期平均引水量与 1956～2005 年多年平均同期引水量比较,宁夏引黄灌区减少了 0.52 亿 m³,减少了 2%;引水量占下河沿站同期径流量的比例(引水率)由 19.7% 增加到 31.5%。1997～2006 年汛期平均引水量与 1990～1996 年同期引水量比较,宁夏引黄灌区减少了 3.34 亿 m³,减少了 10%;其中卫宁灌区引水量减少 0.17 亿 m³,减少了 2%;青铜峡灌区引水量减少 3.17 亿 m³,减少了 12%(见表 3-2)。

表 3-2　宁夏引黄灌区汛期引水量及其变化对比

时段	汛期时段平均引水量(亿 m³)			1997～2006 年汛期引水量与其他时段比较					
				宁夏引黄灌区		卫宁灌区		青铜峡灌区	
	宁夏引黄灌区	卫宁灌区	青铜峡灌区	变化量(亿 m³)	比例(%)	变化量(亿 m³)	比例(%)	变化量(亿 m³)	比例(%)
1950～2006 年	29.60	7.27	22.33	0.67	2	0.28	4	0.39	2
1950～1969 年	25.30	6.76	18.54	4.97	20	0.79	12	4.18	23
1970～1979 年	31.81	7.84	23.97	−1.54	−5	−0.29	−4	−1.25	−5
1980～1989 年	32.51	7.12	25.39	−2.24	−7	0.43	6	−2.67	−11
1990～1996 年	33.61	7.72	25.89	−3.34	−10	−0.17	−2	−3.17	−12
1997～2006 年	30.27	7.55	22.72	0	0	0	0	0	0
1956～2005 年	30.79	7.48	23.31	−0.52	−2	0.07	1	−0.59	−3

3.1.1.3　月引水量

从年内各月引水量来看,宁夏引黄灌区引水量主要集中在每年的 4 ~ 11 月。其中,5 ~ 8 月平均引水流量在 400 m³/s 以上。20 世纪 50 ~ 90 年代,4 ~ 8 月、11 月平均引水量呈增加趋势;21 世纪以来,除 4 月平均引水量增加外,其他各月引水量均有所减少,同时不引水的 3 月也开始了少量引水(见图 3-2)。

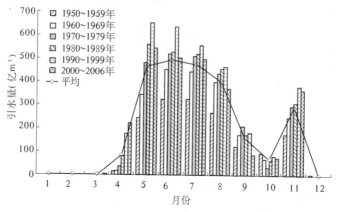

图 3-2　宁夏引黄灌区月引黄水量年代变化

1997 ~ 2006 年,宁夏引黄灌区 5 ~ 7 月平均引水流量在 500 m³/s 以上,其中 5 月平均引水流量最大,为 582.3 m³/s;卫宁灌区 5 ~ 8 月平均引水流量在 100 m³/s 以上,其中 6 月平均引水流量最大,为 133.9 m³/s;青铜峡灌区 5 ~ 8 月平均引水流量在 300 m³/s 以上,其中 5 月平均引水流量最大,为 453.9 m³/s(见表 3-3、图 3-3)。

表 3-3　1997 ~ 2006 年宁夏引黄灌区月平均引水流量

| 区域 | 流量(m³/s) | | | | | | | | | 年引水量(亿 m³) | 汛期引水量(亿 m³) | 汛期引水量占年引水量(%) |
	3 月	4 月	5 月	6 月	7 月	8 月	9 月	10 月	11 月			
宁夏引黄灌区	1.76	225.1	582.3	556.5	520.6	416.6	114.5	82.3	376.5	75.94	30.27	40
卫宁灌区	0.42	78.6	128.4	133.9	124.4	105.6	34.6	18.5	80.6	18.60	7.55	41
青铜峡灌区	1.35	146.5	453.9	422.6	396.2	311.1	79.9	63.8	295.9	57.34	22.72	40

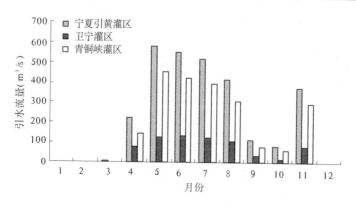

图 3-3　1997 ~ 2006 年宁夏引黄灌区月平均引水流量

3.1.2 宁夏引黄灌区排水特点

3.1.2.1 宁夏引黄灌区排水量计算

宁夏引黄灌区排水沟数量多、排水量大,属典型的大引大排河段。据统计,灌区内有排水沟 223 条,排水沟长度一般在 40 km 以下。其中,三排长度最长,达 80 km,排水面积达 974 km^2,占灌区总排水面积的 17%。四排排水量最大,年排水量达 4.2 亿 m^3,占灌区总排水量的 10% 以上。

宁夏引黄灌区正常监测的排水沟有 24 条,这 24 条排水沟的控制排水面积为 4 363.9 km^2,占灌区总排水面积的 74.8%。2000 年 24 条排水沟的排水量(即已控排水量)为 35.25 亿 m^3,占灌区当年总排水量的 76.4%。除此之外,还有 199 条没有监测的排水沟。未控排水沟的控制排水面积为 1 471.1 km^2,占灌区总排水面积的 25.2%。据 1994 年分析,这 199 条未控排水沟的排水量(即未控排水量)为 10.85 亿 m^3,占灌区总排水量的 23.6%(其中,青铜峡灌区为 19.6%,卫宁灌区为 89.9%)。因此,灌区排水量包括已控排水量和未控排水量(其中未控排水量的计算是关键),即

$$W_{排} = W_{已控} + W_{未控} \tag{3-1}$$

式中:$W_{排}$ 为灌区排水量,万 m^3;$W_{已控}$ 为灌区已控排水量,万 m^3;$W_{未控}$ 为灌区未控排水量,万 m^3。

1)已控排水量

根据宁夏引黄灌区 24 条监测排水河沟的资料,可计算出宁夏引黄灌区已控排水量。

1956 ~ 2005 年,宁夏引黄灌区年平均已控排水量为 27.50 亿 m^3,其中最大为 40.8 亿 m^3(1998 年),最小只有 10.9 亿 m^3(1956 年)(见图 3-4)。

图 3-4 宁夏引黄灌区已控排水量过程

1997 ~ 2006 年,宁夏引黄灌区平均已控排水量为 30.30 亿 m^3。其中,卫宁灌区已控排水量 4.43 亿 m^3,占 15%;青铜峡灌区已控排水量 25.87 亿 m^3,占 85%(见表 3-4)。

2)未控排水量

针对宁夏引黄灌区排水问题,黄委上游水文水资源局和宁夏水文水资源勘测局先后开展了宁夏青铜峡河东灌区用水试验和宁夏引黄灌区灌溉回归水勘察研究。通过增加监

控排水沟的数量,尽量减少未控排水沟的数量;对少量无法监测的排水沟的排水量,借用邻近已经监控排水沟的排水模数予以估算。比较准确地计算出试验期间的排水量。

表3-4 宁夏引黄灌区已控排水量 (单位:亿 m³)

时段	宁夏引黄灌区	卫宁灌区	青铜峡灌区
1970~1979 年	28.17	6.16	22.01
1980~1989 年	28.80	5.36	23.44
1990~1996 年	36.39	5.89	30.50
1997~2006 年	30.30	4.43	25.87
1956~2005 年	27.50	5.46	22.04

黄河水利科学研究院引黄灌溉工程技术研究中心在《黄河干流水量实时调度研究》中,根据上述研究成果,分析了灌区未控排水量的影响因素,建立了灌区月未控排水量与月引水量和月降水量的定量关系方程,较好地解决了灌区未控排水量的计算问题。鉴于未控排水量与已控排水量的同步变化趋势,2008 年又根据试验资料建立了灌区月未控排水流量与月已控排水流量的定量关系方程(见图 3-5),能够更方便地计算出灌区未控排水量。

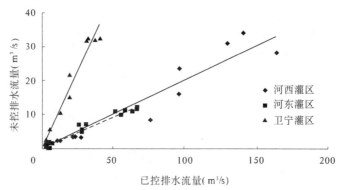

图 3-5 宁夏引黄灌区未控排水流量与已控排水流量关系

宁夏引黄灌区月未控排水流量的计算公式如下:

卫宁灌区

$$Q_{未控} = 0.892\ 9 Q_{已控} \tag{3-2}$$

河东灌区

$$Q_{未控} = 0.186\ 9 Q_{已控} \tag{3-3}$$

河西灌区

$$Q_{未控} = 0.202\ 7 Q_{已控} \tag{3-4}$$

式中:$Q_{未控}$ 为灌区月未控排水流量,m³/s;$Q_{已控}$ 为灌区月已控排水流量,m³/s。

利用式(3-2)~式(3-4),根据卫宁灌区、河东灌区、河西灌区月已控排水流量,可计算出各月未控排水量。各灌区未控排水量计算成果见表 3-5。

表 3-5　宁夏引黄灌区未控排水量计算成果　　　　　　　（单位:亿 m³）

时段	宁夏引黄灌区	卫宁灌区	青铜峡灌区	河东灌区	河西灌区
1950～1969 年	7.01	4.74	2.27	0.63	1.64
1970～1979 年	9.85	5.50	4.35	1.23	3.12
1980～1989 年	9.43	4.79	4.64	1.26	3.38
1990～1996 年	11.30	5.26	6.04	1.68	4.36
1997～2006 年	9.09	3.95	5.14	1.28	3.86
1956～2005 年	9.24	4.87	4.37	1.18	3.19

1956～2005 年,宁夏引黄灌区年平均未控排水量为 9.24 亿 m³,最大为 12.2 亿 m³ (1998 年),最小只有 5.62 亿 m³(1956 年)。

1997～2006 年,宁夏引黄灌区年平均未控排水量为 9.09 亿 m³,其中卫宁灌区未控排水量为 3.95 亿 m³,占 43%;青铜峡灌区未控排水量为 5.14 亿 m³,占 57%(见表 3-5)。

3)总排水量

灌区总排水量为未控排水量与已控排水量之和。

宁夏引黄灌区总排水量计算成果见表 3-6。

表 3-6　宁夏引黄灌区总排水量计算成果　　　　　　　（单位:亿 m³）

时段	宁夏引黄灌区			卫宁灌区			青铜峡灌区		
	总排水量	已控排水量	未控排水量	总排水量	已控排水量	未控排水量	总排水量	已控排水量	未控排水量
1950～1969 年	23.81	16.80	7.01	10.04	5.30	4.74	13.77	11.50	2.27
1970～1979 年	38.02	28.17	9.85	11.66	6.16	5.50	26.36	22.01	4.35
1980～1989 年	38.23	28.80	9.43	10.15	5.36	4.79	28.08	23.44	4.64
1990～1996 年	47.69	36.39	11.30	11.15	5.89	5.26	36.54	30.50	6.04
1997～2006 年	39.39	30.30	9.09	8.38	4.43	3.95	31.01	25.87	5.14
1956～2005 年	36.74	27.50	9.24	10.33	5.46	4.87	26.41	22.04	4.37

1956～2005 年,宁夏引黄灌区年平均总排水量为 36.74 亿 m³,其中已控排水量 27.50 亿 m³,占 75%;未控排水量 9.24 亿 m³,占 25%。卫宁灌区年平均总排水量 10.33 亿 m³, 其中已控排水量 5.46 亿 m³,占 53%;未控排水量 4.87 亿 m³,占 47%。青铜峡灌区年平均总排水量 26.41 亿 m³,其中已控排水量 22.04 亿 m³,占 83%;未控排水量 4.37 亿 m³, 占 17%。卫宁灌区、青铜峡灌区年平均总排水量分别占宁夏引黄灌区的 28%、72%。卫宁灌区总排水量及已控排水量均小于青铜峡灌区,但未控排水量及其占本灌区总排水量的比例均大于青铜峡灌区。

1997～2006 年,宁夏引黄灌区年平均总排水量为 39.39 亿 m³,其中已控排水量 30.30 亿 m³,未控排水量 9.09 亿 m³,分别占宁夏灌区总排水量的 77%、23%。与多年平均值比较,总排水量、已控排水量高于多年平均值,未控排水量低于多年平均值;卫宁灌区年平均总排水量 8.38 亿 m³,其中已控排水量 4.43 亿 m³,未控排水量 3.95 亿 m³,分别占本灌区总排水量的53%、47%。与多年平均值比较,总排水量、已控排水量、未控排水量均小于多年平均值;青铜峡灌区年平均总排水量31.01亿m³,其中已控排水量25.87亿m³,未控排水量5.14亿m³,分别占本灌区总排水量的83%、17%。与多年平均值比较,总排水量、已控排水量、未控排水量均大于多年平均值。卫宁灌区、青铜峡灌区年平均总排水量分别占宁夏引黄灌区的21%、79%。未控排水量占总排水量的比例宁夏灌区略大于多年平均值,卫宁灌区和青铜峡灌区基本没有变化。

3.1.2.2 宁夏引黄灌区排水特点

1)年总排水量

1970年以来,宁夏引黄灌区总排水量呈现先缓慢增大又快速减小的趋势。在1998年达到最大值53.0亿m³,2003年急剧下降到最小值25.7亿m³,之后又小幅回升(见图3-6)。

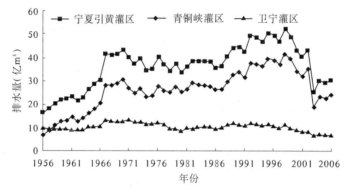

图3-6 宁夏引黄灌区排水量过程

1997~2006年,宁夏引黄灌区总排水量平均为39.39亿m³,其中卫宁灌区总排水量8.38亿m³,占21%;青铜峡灌区总排水量31.01亿m³,占79%。

1997~2006年总排水量与多年平均相比,宁夏引黄灌区总排水量增加了2.65亿m³,增加了7%;1997~2006年总排水量与1990~1996年相比,宁夏引黄灌区总排水量减少了8.30亿m³,减少了17%(见表3-7)。

表3-7 宁夏引黄灌区年平均总排水量变化对比

| 时段 | 年平均引水量(亿m³) | | | 1997~2006年引水量与其他时段比较 | | | | | |
| | 宁夏引黄灌区 | 卫宁灌区 | 青铜峡灌区 | 宁夏引黄灌区 | | 卫宁灌区 | | 青铜峡灌区 | |
				变化量(亿m³)	比例(%)	变化量(亿m³)	比例(%)	变化量(亿m³)	比例(%)
1950~1969年	23.81	10.04	13.77	15.58	65	-1.66	-17	17.24	125
1970~1979年	38.02	11.66	26.36	1.37	4	-3.28	-28	4.65	18
1980~1989年	38.23	10.15	28.08	1.16	3	-1.77	-18	2.93	10
1990~1996年	47.69	11.15	36.54	-8.30	-17	-2.77	-25	-5.53	-15
1997~2006年	39.39	8.38	31.01	0	0	0	0	0	0
1956~2005年	36.74	10.33	26.41	2.65	7	-1.95	-19	4.60	17

2)汛期总排水量

1997～2006 年,宁夏引黄灌区汛期平均排水量为 17.37 亿 m^3,占同期年排水量的 44%;其中卫宁灌区汛期平均排水量 3.77 亿 m^3,占同期年排水量的 45%;青铜峡灌区汛期平均排水量 13.60 亿 m^3,占同期年排水量的 44%。各灌区汛期排水量占年排水量的比例均较其他时段及多年平均情况有所减小(见表 3-8)。

表 3-8　宁夏引黄灌区汛期时段总排水量

时段	宁夏引黄灌区		卫宁灌区		青铜峡灌区	
	汛期排水量 (亿 m^3)	占年排水量 (%)	汛期排水量 (亿 m^3)	占年排水量 (%)	汛期排水量 (亿 m^3)	占年排水量 (%)
1950～1969 年	14.38	60	5.75	57	8.63	63
1970～1979 年	21.66	57	6.40	55	15.26	58
1980～1989 年	19.49	51	5.17	51	14.32	51
1990～1996 年	22.96	48	5.31	48	17.65	48
1997～2006 年	17.37	44	3.77	45	13.60	44
1956～2005 年	19.23	52	5.41	52	13.82	52

3)月总排水量

宁夏引黄灌区全年各月均有排水。主要排水期在 4～11 月,与灌水期吻合。

1997～2006 年,宁夏引黄灌区 5～8 月平均排水流量在 240 m^3/s 左右,其中 7 月平均排水流量最大,为 253 m^3/s;卫宁灌区 5～8 月平均排水流量在 50 m^3/s 左右,其中 7 月平均排水流量最大,为 53 m^3/s;青铜峡灌区 5～8 月平均排水流量在 190 m^3/s 左右,其中 7 月平均排水流量最大,为 200 m^3/s(见表 3-9、图 3-7)。

表 3-9　宁夏引黄灌区 1997～2006 年月排水流量

灌区	排水流量(m^3/s)												年排水量 (亿 m^3)
	1 月	2 月	3 月	4 月	5 月	6 月	7 月	8 月	9 月	10 月	11 月	12 月	
宁夏引黄灌区	23.7	22.6	26.9	60.4	240	248	253	232	117	49.9	178	39.5	39.38
卫宁灌区	5.28	4.99	5.23	18.5	52.5	49.1	53.0	48.3	29.6	10.9	32.1	8.01	8.38
青铜峡灌区	18.4	17.6	21.6	41.9	188	199	200	184	87.7	39.0	146	31.5	31.01

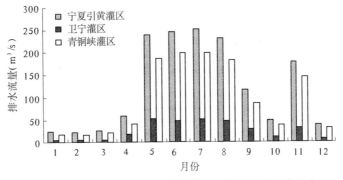

图 3-7　1997～2006 年宁夏引黄灌区月排水流量年内分布

3.1.3 宁夏引黄灌区引排水关系

3.1.3.1 排引比

宁夏引黄灌区引排水变化趋势基本一致:排水量随引水量的增大而增大,随引水量的减小而减小。1999 年以前,引水量呈增长趋势,1999 年以后,引水量呈下降趋势;与此对应,排水量和排引比在 1998 年以前呈增长趋势,1998 年以后呈下降趋势(见图 3-8)。

图 3-8　宁夏灌区年引水量、排水量过程对比

1956～2005 年,宁夏引黄灌区的平均排引比为 0.54,其中卫宁灌区较高,为 0.64,青铜峡灌区较低,为 0.51。1997～2006 年,青铜峡灌区排引比为 0.55,卫宁灌区排引比大幅度降低至 0.45,也使宁夏引黄灌区的排引比降到历史较低水平 0.52(见表 3-10、图 3-9)。

表 3-10　宁夏灌区时段排引比对比

时段	宁夏引黄灌区	卫宁灌区	青铜峡灌区
1950～1969 年	0.48	0.77	0.38
1970～1979 年	0.57	0.73	0.52
1980～1989 年	0.54	0.66	0.50
1990～1996 年	0.60	0.61	0.59
1997～2006 年	0.52	0.45	0.55
1956～2005 年	0.54	0.64	0.51

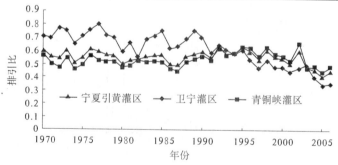

图 3-9　宁夏引黄灌区排引比年际变化

宁夏引黄灌区月排引比呈现由小到大,再由大到小的变化过程。从 4 月灌溉开始,排引比逐渐增大,并在 9 月排引比达到年内最大,甚至超过 1;9 月以后,排引比逐渐减小,直至 11 月停灌。全年各月中 4 月排引比最小。

1997～2006 年,宁夏灌区平均年排引比为 0.52,9 月排引比达到 1.04,为各月最大排引比,4 月排引比最小,为 0.27;卫宁灌区平均年排引比为 0.45,9 月排引比达到 0.85,为各月最大排引比,4 月排引比最小,为 0.24;青铜峡灌区平均年排引比为 0.55,9 月排引比达到 1.12,为各月最大排引比,4 月排引比最小,为 0.29。各月排引比分布见图 3-10。

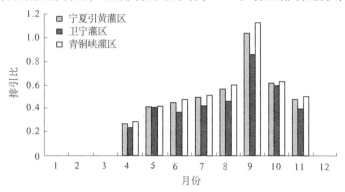

图 3-10 1997～2006 年宁夏引黄灌区月排引比分布

3.1.3.2 卫宁灌区

根据卫宁灌区排水、降水、引水等资料,利用近期 1990～2006 年系列,建立卫宁灌区总排水量与引水量、未控排水量与引水量等关系图。可以看出,卫宁灌区总排水量与引水量、未控排水量与引水量的关系均比较散乱,大体上灌区总排水量和未控排水量均随着引水量的增大而增大(见图 3-11)。

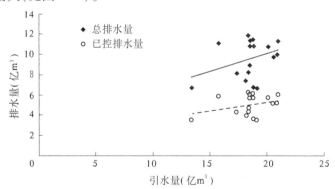

图 3-11 卫宁灌区年引水量与总排水量、已控排水量关系

利用 1990～2006 年系列资料,进一步分析出卫宁灌区总排水量与降水量、引水量的关系式为

$$W_{排} = 0.341\,54W_{引} + 0.017\,79P \quad (R = 0.989\,3, F = 345) \tag{3-5}$$

式中:$W_{排}$ 为灌区年总排水量,亿 m^3;$W_{引}$ 为灌区年引水量,亿 m^3;P 为灌区年降水量,mm。

3.1.3.3 青铜峡灌区

根据青铜峡灌区排水、降水、引水等资料,建立青铜峡灌区总排水量与引水量,未控排水量与引水量等关系图。可以看出,青铜峡灌区总排水量与引水量、未控排水量与引水量的关系均良好,随着灌区引水量的增大,灌区总排水量、已控排水量均呈增大趋势(见图3-12)。

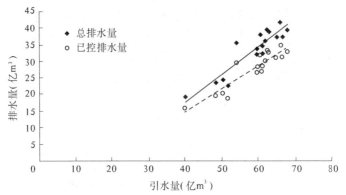

图 3-12　青铜峡灌区年引水量与总排水量、已控排水量关系

根据青铜峡灌区 1990~2006 年系列资料,分析出青铜峡灌区年总排水量与年降水量、年引水量的关系式为

$$W_{排} = 0.850\,83W_{引} + 0.046\,96P - 25.015\,4 \qquad (R = 0.966\,4, F = 99) \qquad (3\text{-}6)$$

式中:$W_{排}$ 为灌区年总排水量,亿 m^3;$W_{引}$ 为灌区年引水量,亿 m^3;P 为灌区年降水量,mm。

3.1.3.4　宁夏引黄灌区

根据宁夏引黄灌区排水、降水、引水等资料,建立宁夏引黄灌区总排水量与引水量、未控排水量与引水量等关系图。可以看出,宁夏引黄灌区总排水量与引水量、未控排水量与引水量的关系均良好,随着灌区引水量的增大,灌区总排水量、已控排水量均呈增大趋势(见图3-13)。

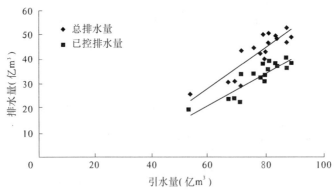

图 3-13　宁夏引黄灌区年引水量与总排水量、已控排水量关系

根据宁夏引黄灌区 1990~2006 年系列资料,分析出宁夏引黄灌区年排水量与年降水量、年引水量的关系式为

$$W_{排} = 0.557\,9W_{引} \qquad (R = 0.994\,2, F = 1\,371) \qquad (3\text{-}7)$$

式中：$W_{排}$ 为灌区年总排水量，亿 m^3；$W_{引}$ 为灌区年引水量，亿 m^3；

3.2 内蒙古引黄灌区引排水特点

3.2.1 内蒙古引黄灌区引水特点

3.2.1.1 石嘴山—三湖河口河段

石嘴山—三湖河口河段（简称石—三河段）引黄灌区 1962～2005 年多年平均引水量为 56.934 亿 m^3，其中汛期引水量为 35.978 亿 m^3，占年总引水量的 63.2%。河套灌区多年平均引水量为 53.569 亿 m^3，占总引水量的 94.1%；黄河南岸灌区多年平均引水量为 3.365 亿 m^3，占总引水量的 5.9%。

1997～2006 年，石—三河段引黄灌区平均引水量为 60.929 亿 m^3，其中汛期引水量为 37.739 亿 m^3，占年总引水量的 61.9%。河套灌区平均引水量为 57.658 亿 m^3，占总引水量的 93.5%；黄河南岸灌区平均引水量为 3.271 亿 m^3，占总引水量的 6.5%。

1）年际变化

20 世纪 60 年代以来，石—三河段引黄灌区的引水量总体呈增长趋势，以 1979 年为分界点，之前引水量在 50 亿 m^3 左右，之后引水量不断增加至 70 亿 m^3 左右后有所下降。1991 年引水量最大，为 68.616 亿 m^3；1964 年引水量最小，为 37.345 亿 m^3。年引水量最大值与最小值的比值为 1.8。

1997～2006 年，石—三河段引黄灌区引水量呈震荡型略微下降趋势，其中 2003 年引水量明显减少，为 51.223 亿 m^3；1999 年引水量最大，为 66.119 亿 m^3。年引水量最大值与最小值的比值为 1.3（见图 3-14）。1997～2006 年平均引水量较 1962～2005 年平均引水量增加了 3.995 亿 m^3，增长 7%。

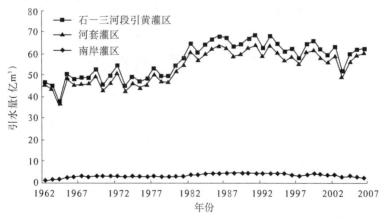

图 3-14 石—三河段引黄灌区历年引水量

以 1990～1996 年为转折点，之前引水量逐年代增加，之后引水量逐年代减少。20 世纪 80 年代增长最快，1980～1989 年比 1970～1979 年增加了 29%；70 年代和 90 年代前期增长缓慢平稳，1970～1979 年和 1990～1996 年分别较之前的年段增长了 4% 和 3%；最近 10 年引水量呈减少趋势，1997～2006 年比 1990～1996 年减少了 6%。不同时期引水量变化对比见表 3-11。

表 3-11　石—三河段引黄灌区不同时期引水量变化对比

时段	年平均引水量(亿 m³)			1997～2006 年引水量与其他时段比较					
	河套灌区	黄河南岸灌区	石—三河段引黄灌区	河套灌区		河南南岸灌区		石—三河段引黄灌区	
				变化量(亿 m³)	比例(%)	变化量(亿 m³)	比例(%)	变化量(亿 m³)	比例(%)
1997～2006 年	57.658	3.271	60.929						
1962～1969 年	44.993	2.299	47.292	12.665	28	0.972	2	13.637	29
1970～1979 年	46.339	2.925	49.264	11.319	24	0.346	1	11.665	24
1980～1989 年	59.258	4.043	63.301	−1.600	−3	−0.772	−1	−2.372	−4
1990～1996 年	60.720	4.226	64.946	−3.062	−5	−0.955	−1	−4.017	−6
1962～2005 年	53.569	3.365	56.934	4.089	8	−0.094	0	3.995	7

2)各月变化

石—三河段引黄灌区全年引水一般从 4 月中旬开始,11 月上旬结束。全年灌溉期分为两个时段,4 月中旬至 8 月上中旬为第一时段,引水 4 个月左右,为主要灌溉期,从多年平均来看,引水量约占全年引水量的 60%;8 月下旬至 11 月上旬为第二时段,引水 2 个月左右,引水量约占全年引水量的 40%。

比较 1962～2005 年各月平均引水量可以看出,10 月引水最多,为 11.452 亿 m³,占全年引水量的 20.1%;4 月引水最少,为 0.805 亿 m³,占全年引水量的 1.4%。最大月引水量是最小月引水量的 14 倍左右(最大月引水量、最小月引水量主要针对引水期内,下同)。

比较 1997～2006 年各月引水量可以看出,10 月引水最多,为 15.481 亿 m³,占全年引水量的 25.4%;11 月引水最少,为 0.622 亿 m³,占全年引水量的 1.0%。最大月引水量约是最小月引水量的 25 倍。其他不同时期年内引水量分配见表 3-12。

表 3-12　石—三河段引黄灌区不同时期引水量变化对比及年内分配　(单位:亿 m³)

时段	引水量								年引水量
	4 月	5 月	6 月	7 月	8 月	9 月	10 月	11 月	
1962～1969 年	0	5.833	8.924	7.969	7.961	6.005	9.858	0.742	47.292
1970～1979 年	0.026	8.578	9.203	9.301	7.584	8.381	5.176	1.015	49.264
1980～1989 年	0.063	9.810	10.510	11.581	6.621	8.554	13.408	2.754	63.301
1990～1996 年	1.054	12.780	10.599	11.029	4.500	10.440	14.285	0.259	64.946
1997～2006 年	3.124	10.966	8.478	8.935	3.807	9.516	15.481	0.622	60.929
1962～2005 年	0.805	9.531	9.483	9.776	6.189	8.561	11.452	1.137	56.934

对比不同时期年内引水量分配,除 20 世纪 70 年代最大月引水量出现在 7 月外,其他年代最大月引水量均出现在 10 月;最小月引水量 90 年代以前出现在 4 月,90 年代以后出现在 11 月。不同年代引黄水量年内分配见图 3-15。

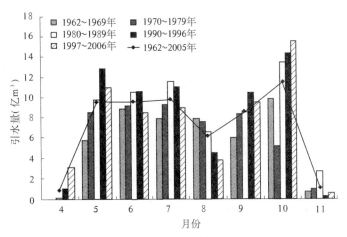

图 3-15　石一三河段不同年代引黄水量年内分配

3）汛期

对比不同时段汛期引水量，以 20 世纪 80 年代为转折点，之前汛期引水量在 31 亿 m³ 左右；之后引水量约 40 亿 m³。不同时期汛期引水量占全年引水量的比例较稳定，除 1962～1969 年所占比例较大，为 67.2% 外，其他时期均在 62% 左右（见表 3-13）。1997～ 2006 年汛期引水量较多年平均增加了 1.761 亿 m³，增加比例为 4.9%。不同时期汛期引水量及其占全年引水量比例对比见表 3-13、图 3-16。

表 3-13　石一三河段引黄灌区不同时期汛期引水量及其占全年引水量比例对比

时段	总引水量（亿 m³）	汛期引水量（亿 m³）	汛期引水量所占比例（%）	1997～2006 年汛期与其他时段对比	
				引水量（亿 m³）	比例（%）
1997～2006 年	60.929	37.739	61.9		
1962～1969 年	47.292	31.793	67.2	5.946	18.7
1970～1979 年	49.264	30.442	61.8	7.297	24.0
1980～1989 年	63.301	40.164	63.4	-2.425	-6.0
1990～1996 年	64.946	40.253	62.0	-2.514	-6.2
1962～2005 年	56.934	35.978	63.2	1.761	4.9

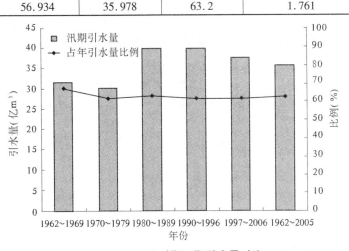

图 3-16　不同时期汛期引水量对比

3.2.1.2 三湖河口—头道拐河段

鉴于资料原因,仅对内蒙古三湖河口—头道拐河段(简称三—头河段)引黄灌区引水量比较大的镫口扬水灌区和民族团结渠扬水灌区加以分析;考虑该灌区的退水主要排出在头道拐水文断面以下,故其退水量在本书中暂不作分析。

1)年际变化

三—头河段引黄灌区1997~2006年平均年引水量为3.17亿 m^3,较1972~2005年多年平均年引水量3.03亿 m^3 增加了0.14亿 m^3,增加了4.6%。

自20世纪70年代以来,三—头河段引黄灌区的引水量总体呈快速增长,1986年后不断波动,至1993年开始明显下降(见图3-17)。其中,1991年引水量最大,为5.008亿 m^3;1973年引水量最小,为0.837亿 m^3。年引水量最大值与最小值的比值为6.0。

1997~2006年,三—头河段引黄灌区引水量呈震荡型下降趋势,其中2003年引水量明显减少,为1.226亿 m^3;1999年引水量最大,为4.160亿 m^3。年引水量最大值与最小值的比值为3.5。

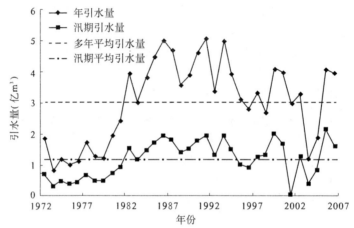

图3-17 三—头河段引黄灌区历年引水量

以1990~1996年为转折点,之前引水量逐年代增加,之后引水量逐年代减少。80年代引水量增长最快,较70年代增长了186.9%;1990~1996年增长平稳缓慢,较之前的时段增长了8.4%;1997~2006年引水量呈减少趋势,1997~2006年比1990~1996年减少了20.8%。不同年代引水量变化对比见表3-14。

表3-14 三—头河段引黄灌区不同年代引水量变化对比

时段	年均引水量(亿 m^3)	汛期引水量(亿 m^3)	汛期引水量所占年均引水量比例(%)	1997~2006年引水量与其他时段比较			
				年均引水量		汛期引水量	
				变化量(亿 m^3)	比例(%)	变化量(亿 m^3)	比例(%)
1997~2006年	3.17	1.26	39.7				
1972~1979年	1.29	0.50	38.8	1.88	145.7	0.76	153.5
1980~1989年	3.69	1.43	38.8	-0.52	-14.1	-0.17	-11.7
1990~1996年	4.00	1.50	37.5	-0.83	-20.8	-0.24	-15.8
1972~2005年	3.03	1.17	38.6	0.14	4.6	0.09	7.8

2)年内分配

三—头河段引黄灌区引水期一般指每年4~11月,全年灌溉期分为两个时段,4月下旬至7月上中旬为第一时段,引水3个月左右,从多年平均来看,引水量约占全年引水量的45%;9月下旬至11月中下旬为第二时段,引水2个月左右,为主要灌溉期,引水量约占全年引水量的52%。此外,3月和12月也有少量引水,引水量约占全年引水量的2%。

1972~2005年平均10月引水最多,为1.01亿 m³,占全年引水量的33.3%;8月引水最少,为0.04亿 m³,占全年引水量的1.3%。最大月引水量是最小月引水量的25倍左右。

1997~2006年平均10月引水最多,为1.07亿 m³,占全年引水量的33.8%;8月引水最少,为0.04亿 m³,占全年引水量的1.3%。最大月引水量约是最小月引水量的26倍。其他不同时期引水量年内分配见表3-15、图3-18。

表3-15　三—头河段引黄灌区不同时期引水量年内分配　　（单位:亿 m³）

时段	引水量										年引水量
	3月	4月	5月	6月	7月	8月	9月	10月	11月	12月	
1972~1979年	0.01	0.10	0.20	0.24	0.04	0.01	0.02	0.43	0.22	0.01	1.29
1980~1989年	0.04	0.29	0.58	0.69	0.10	0.04	0.05	1.24	0.63	0.03	3.69
1990~1996年	0.03	0.25	0.70	0.80	0.10	0.04	0.04	1.33	0.65	0.07	4.00
1997~2006年	0.03	0.30	0.45	0.55	0.10	0.04	0.05	1.07	0.57	0	3.17
1972~2005年	0.03	0.25	0.48	0.56	0.09	0.04	0.04	1.01	0.51	0.03	3.03

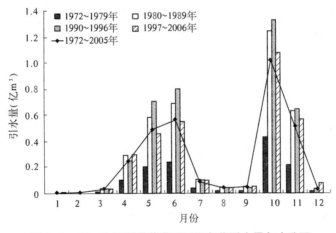

图3-18　三—头河段引黄灌区不同年代引水量年内分配

3)汛期

1972~2005年汛期平均引水1.17亿 m³,约占全年引水量的38.6%,1997~2006年汛期平均引水1.26亿 m³,约占全年引水量的39.7%,较多年平均变化不大。其他年代汛期引水量所占全年引水量的比例较稳定,均在38%左右。

3.2.1.3 石嘴山—头道拐河段

石嘴山—头道拐河段(简称石—头河段)引黄灌区1972~2005年多年平均引水量为62.77亿 m³,汛期引水量为38.51亿 m³,占年总引水量的61.4%。石—三河段分别占石—头河段年引水量和汛期引水量的95.2%和97.0%。

石—头河段引黄灌区 1997～2006 年平均引水量为 64.10 亿 m³，其中汛期引水量为 39.00 亿 m³，占年总引水量的 60.8%。石—三河段分别占石—头河段年引水量和汛期引水量的 95.1% 和 96.8%。

石—头河段引黄灌区不同年代引水量变化及年内分配见表 3-16 和表 3-17。由于石—头河段 95% 以上引水量来自石—三河段，故其年际、年内和汛期变化特点由石—三河段决定，与石—三变化基本一致，此处不再赘述。

表 3-16　石—头河段引黄灌区不同年代引水量变化对比

时段	年均引水量（亿 m³）	汛期引水量（亿 m³）	汛期引水量所占比例（%）	1997～2006 年引水量与其他时段比较			
				年均		汛期	
				变化量（亿 m³）	比例（%）	变化量（亿 m³）	比例（%）
1997～2006 年	64.10	39.00	60.8				
1972～1979 年	50.92	31.16	61.2	13.18	25.9	7.84	25.2
1980～1989 年	66.99	41.60	62.1	−2.89	−4.3	−2.60	−6.2
1990～1996 年	68.95	41.75	60.6	−4.85	−7.0	−2.75	−6.6
1972～2005 年	62.77	38.51	61.4	1.33	2.1	0.49	1.3

表 3-17　石—头河段引黄灌区不同时期引水量年内分配　　　　（单位：亿 m³）

时段	引水量										年引水量
	3 月	4 月	5 月	6 月	7 月	8 月	9 月	10 月	11 月	12 月	
1972～1979 年	0.01	0.10	8.86	9.28	8.98	7.53	7.88	6.78	1.49	0.01	50.92
1980～1989 年	0.04	0.35	10.40	11.20	11.68	6.66	8.60	14.65	3.38	0.03	66.99
1990～1996 年	0.03	1.30	13.48	11.40	11.13	4.54	10.48	15.61	0.91	0.07	68.95
1997～2006 年	0.03	3.43	11.43	9.03	9.04	3.85	9.56	16.55	1.19	0	64.10
1972～2005 年	0.03	1.28	10.97	10.15	10.23	5.71	9.09	13.48	1.80	0.03	62.77

3.2.2　内蒙古引黄灌区排水特点

由于石—三河段引黄灌区年引水量占内蒙古灌区引水量的 95% 以上，因而以石—三河段引黄灌区作为内蒙古灌区的代表，分析其排水特点。

石—三河段引黄灌区 1962～2005 年多年平均退水量为 10.02 亿 m³，其中汛期退水量为 6.18 亿 m³，占年总退水量的 61.7%。河套灌区多年平均退水量为 9.30 亿 m³，占总退水量的 92.8%；黄河南岸灌区多年平均退水量为 0.74 亿 m³，占总退水量的 7.4%。

1997～2006 年引黄灌区平均退水量为 9.42 亿 m³，其中汛期退水量为 5.38 亿 m³，占年总退水量的 57.1%。河套灌区 1997～2006 年平均退水量为 8.52 亿 m³，占总退水量的 90.4%；黄河南岸灌区平均退水量为 0.90 亿 m³，占总退水量的 9.6%。

3.2.2.1　年际变化

20 世纪 70 年代以来，石—三河段引黄灌区的退水量逐年递增，1984 年达到最大，为 14.77 亿 m³；随后，波动略微增大，1996 年后呈锯齿状下降。1971 年退水量最小，为 2.92 亿 m³，年退水量最大值与最小值的比值为 5.1。

1997～2006 年 10 年间，2004 年退水量最大，为 13.85 亿 m³，是 10 年平均值的 1.5

倍;1997年退水量最小,为7.15亿m³,是10年平均值的0.8倍;年退水量最大值与最小值的比值为1.9(见图3-19)。1997~2006年平均退水量较1970~2005年多年平均减少了0.62亿m³,减少了6.2%。

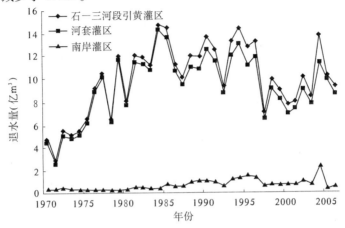

图3-19 石—三河段引黄灌区历年退水量

以1990~1996年段为转折点,之前退水量逐年代增加,之后退水量逐年代减少。80年代增加最快,1980~1989年段比1970~1979年段增加了71.6%;90年代前期增加缓慢平稳,1990~1996年段较1980~1989年段增加了8.5%;1997~2006年段退水量呈减少趋势,比1990~1996年段减少了26.5%。不同年代退水量变化对比见表3-18。

表3-18 石—三河段引黄灌区不同年代退水量变化对比

时段	年平均退水量(亿m³)			1997~2006年退水量与其他时段比较					
	河套灌区	南岸灌区	石—三河段引黄灌区	河套灌区		南岸灌区		石—三河段引黄灌区	
				变化量(亿m³)	比例(%)	变化量(亿m³)	比例(%)	变化量(亿m³)	比例(%)
1997~2006年	8.52	0.90	9.42						
1970~1979年	6.53	0.36	6.88	1.99	30.6	0.54	152.8	2.54	36.9
1980~1989年	11.17	0.64	11.81	-2.65	-23.7	0.26	39.7	-2.39	-20.2
1990~1996年	11.65	1.17	12.81	-3.13	-26.8	-0.27	-22.9	-3.39	-26.5
1970~2005年	9.30	0.74	10.04	-0.78	-8.4	0.16	21.7	-0.62	-6.2

3.2.2.2 各月变化

石—三河段引黄灌区退水期一般从4月开始,到11月结束,历时8个月,5~9月为全年退水的高峰期,退水量占全年退水量的80%左右。此外,3月和12月也会有少量退水,约占全年退水量的2%。

比较1970~2005年退水期水量分配可以看出,9月退水量最多,为2.18亿m³,占全年退水量的21.7%;3月退水量最少,为0.10亿m³,占全年退水量的1.0%。最大月退水量约是最小月退水量的8倍。

比较1997~2006年退水期水量分配,可以看出9月退水量最多,为2.40亿m³,占全年退水量的 25.4% ;3 月退水量最少,为 0.04 亿 m³,占全年退水量的 3.6%。最大月退水量约是最小月退水量的 7 倍。其他不同年代退水量年内分配见表 3-19。

表 3-19　石—三河段引黄灌区不同年代退水量变化对比及年内分配（单位:亿 m³）

时段	退水量										年退水量
	3 月	4 月	5 月	6 月	7 月	8 月	9 月	10 月	11 月	12 月	
1970～1979 年	0.05	0.03	0.66	1.32	1.20	1.53	1.28	0.51	0.24	0.06	6.88
1980～1989 年	0.16	0.09	0.93	1.97	2.16	2.09	2.65	0.64	0.90	0.22	11.81
1990～1996 年	0.18	0.30	1.20	2.24	2.55	1.51	2.53	1.17	0.89	0.24	12.81
1997～2006 年	0.04	0.66	1.58	1.34	1.54	1.09	2.40	0.34	0.36	0.07	9.42
1970～2005 年	0.10	0.26	1.07	1.68	1.81	1.57	2.18	0.63	0.58	0.14	10.02

对比不同年段退水期水量分配,除 1990～1996 年最大月退水量出现在 7 月外,其他年代均出现在 9 月;最小月退水量除 1997～2006 年段出现在 10 月外,其他年代均出现在 4 月。不同年代引黄水量年内分配见图 3-20。

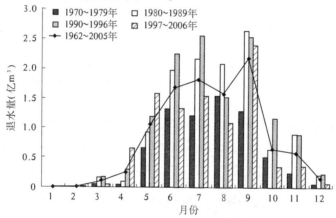

图 3-20　不同年代引黄水量年内分配

3.2.2.3　汛期

不同时期汛期退水量变化趋势与年退水量相同,占全年退水量的比例较稳定,除 1997～2006 年所占比例不足 60% 外,其他时期均在 62% 左右(见表 3-20)。1997～2006 年汛期退水量较多年平均减少了 0.80 亿 m³,占年总退水量的比例比多年平均减少了 4.6%。不同时期汛期退水量及其占全年退水量比例对比见图 3-21。

表 3-20　石—三河段引黄灌区不同时期汛期退水量变化对比

时段	总退水量（亿 m³）	汛期退水量（亿 m³）	汛期退水量所占比例（%）	1997～2006 年汛期与其他时段对比	
				退水量（亿 m³）	比例（%）
1997～2006 年	9.42	5.38	57.1		
1970～1979 年	6.88	4.53	65.8	0.85	18.8
1980～1989 年	11.81	7.54	63.8	-2.16	-28.6
1990～1996 年	12.81	7.77	60.7	-2.39	-30.8
1970～2005 年	10.02	6.18	61.7	-0.80	-12.9

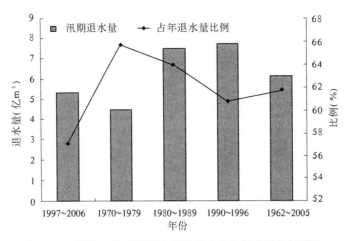

图 3-21　不同年代汛期退水量及其占全年退水量比例对比

3.2.3　内蒙古引黄灌区引退水规律分析

石一三河段引黄灌区引退水变化趋势基本一致:退水量随引水量的增减而增减。1997～2006 年平均退引比为 0.15,2004 年退引比最大,为 0.23;1997 年退引比最小,为 0.12,最大值约是最小值的 2 倍。从图 3-22 可以看出,2004 年排引比明显高于平均水平,主要原因是在该年引水量增加不多的情况下,退水量明显增多,退水量约是 1997～2006 年平均退水量的 1.5 倍,但该年引水量仅与 1997～2006 年平均引水量持平。

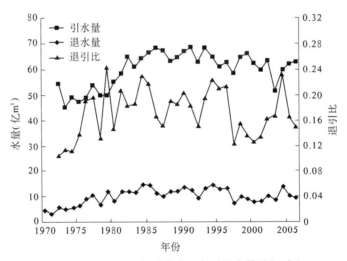

图 3-22　石一三河段引黄灌区年引退水量过程对比

1970～2006 年平均引退比为 0.17,1979 年退引比最大,为 0.24;1992 年最小,为 0.10,最大值约是最小值的 2.4 倍。其他时段平均退引比见表 3-21。

表 3-21　石一三河段引黄灌区不同时段退引比对比

时段	1970～1979 年	1980～1989 年	1990～1996 年	1997～2006 年	1970～2006 年
退引比	0.14	0.19	0.20	0.15	0.17

据 1997 ~ 2006 年月引退水资料,绘制石—三河段引黄灌区引退水年内对比图(见图 3-23),石—三河段引黄灌区月退引比以 8 月为拐点,之前从 4 月灌溉开始,退引比有所下降后逐渐增大;之后退引比逐渐减小,但在 11 月由于退水的传播时间,导致该月退引比在停灌后出现年内极大值,为 0.58;年内最小退引比出现在 10 月,为 0.03,该月引水量为年内最大,由于冬灌压盐保墒,退水量接近年内最小,故该月退引比出现极小值。

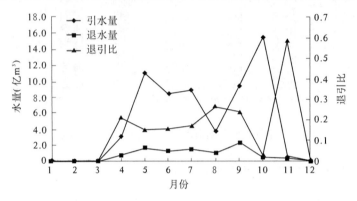

图 3-23 石—三河段引黄灌区引退水年内对比

分别点绘 1997 ~ 2006 年和 1970 ~ 2005 年石—三河段引黄灌区年引水量、退水量相关关系图(见图 3-24),相关系数分别为 0.028 1 和 0.426 5,可见年引退水相关关系不强。

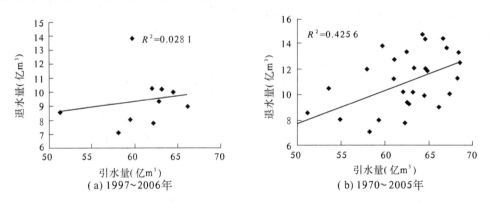

图 3-24 石—三河段引黄灌区引退水相关关系

第4章 灌区引退沙特点分析

4.1 宁夏引黄灌区引退沙特点

4.1.1 宁夏引黄灌区引沙特点

4.1.1.1 年际变化

1997~2006年,宁夏引黄灌区年平均引沙量2 574万t,占同期黄河下河沿水文站输沙量的45%。其中,卫宁灌区年平均引沙量540万t,青铜峡灌区年平均引沙量2 034万t,分别占宁夏引黄灌区年平均引沙量的21%、79%。

1997~2006年宁夏引黄灌区年引沙量整体上呈下降趋势,2000年以后引沙量在2 000万t左右,年最大引沙量为5 484万t(1999年),年最小引沙量为1 313万t(2004年)(见图4-1)。

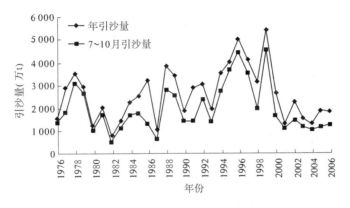

图4-1 宁夏引黄灌区引沙量年际变化

4.1.1.2 年内分配

根据1997~2006年资料分析,宁夏引黄灌区在每年的4~11月引水期间均有引沙,引沙量主要在每年的5~9月,月引沙量均为200万~1 000万t,5~9月引沙量为2 413万t,占年引沙量的94%。其中,7月引沙量最大,为977万t;10月引沙量最小,只有12万t(见图4-2)。

4.1.1.3 汛期引沙量变化

1997~2006年,宁夏引黄灌区汛期平均引沙量为1 899万t,占同期年引沙量的74%;最大引沙量为4 582万t(1999年),最小引沙量为1 022万t(2004年)。2000年以来,汛期引沙量保持在较低水平。

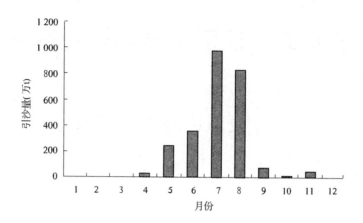

图 4-2　1997～2006 年宁夏引黄灌区引沙量年内变化

4.1.2　宁夏引黄灌区退沙特点

4.1.2.1　年际变化

　　1997～2006 年,宁夏引黄灌区年平均退沙量 470 万 t,占同期灌区引沙量的 16%。10 年内灌区年排沙量整体上呈下降趋势,2000 年以后退沙量在 400 万 t 左右,年最大退沙量为 744 万 t(1999 年),年最小退沙量为 352 万 t(2004 年)(见图 4-3)。

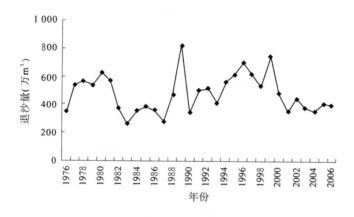

图 4-3　宁夏引黄灌区退沙量年际变化

4.1.2.2　年内分配

　　根据 1997～2006 年资料分析,宁夏引黄灌区在每年 4～11 月的引水期间均有退沙,退沙量主要集中在每年的 5～8 月,月退沙量均在 100 万 t 左右,5～8 月退沙量为 407 万 t,占年退沙量的 86%。其中,5 月退沙量最大,为 107 万 t;10 月退沙量最小,只有 2 万 t(见图 4-4)。

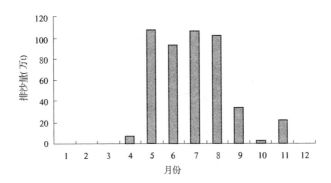

图 4-4　1997~2006 年宁夏引黄灌区退沙量年内变化

4.2　内蒙古引黄灌区引退沙特点

4.2.1　内蒙古引黄灌区引沙特点

4.2.1.1　石嘴山—三湖河口河段

石—三河段引黄灌区 1997~2006 年平均引沙量为 2 093.83 万 t,其中汛期引沙量为 1 641.99 万 t,占年总引沙量的 78.4%。河套灌区平均引沙量为 1 984.06 万 t,占河段引黄灌区总引沙量的 94.8%;黄河南岸灌区平均引沙量为 109.77 万 t,占总引沙量的 5.2%。

1)年际变化

1972 年以来,石—三河段引沙量总体呈增长趋势(见图 4-5),其中 1999 年引沙量最大,为 3 491.12 万 t;1987 年引沙量最小,为 454.98 万。年引沙量最大值与最小值的比值为 7.7。

1997~2006 年灌区引沙量呈不规则锯齿状下降趋势,其中 1999 年引沙量最大,与 1997~2006 年平均引沙量相比多引沙 1 397.29 万 t,增加了 66.7%;2004 年引沙量最小,为 1 412.43 万 t,与 1997~2006 年平均引沙量相比少引沙 681.40 万 t,减少了 32.5%。年引沙量最大值与最小值之比为 2.5。1997~2006 年 10 年间,年引沙量大于 1997~2006 年平均值的年份与小于多年平均值的年份各为 5 年(除 1998 年、1999 年、2000 年、2002 年、2003 年全年引沙量大于多年平均值外,其余年份引沙量均小于多年平均值)。

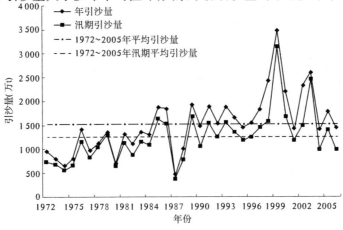

图 4-5　1972~2006 年石—三河段引黄灌区引沙量

1997～2006年平均引沙量较1972～2005多年平均引沙量(1 526.86万t)增加了566.97万t,增加了37.1%;较其他时期均有不同程度的增加,尤其是较引沙量最小的70年代,增长了1倍多,详见表4-1。

表4-1 石—三河段引黄灌区不同时期引沙量变化对比

时段	年均引沙量 (万t)	汛期引沙量 (万t)	汛期引沙量 所占比例 (%)	1997～2006年引沙量与其他时段比较			
				年均		汛期	
				变化量 (万t)	比例 (%)	变化量 (万t)	比例 (%)
1997～2006年	2 093.83	1 641.99	78.4				
1972～1979年	1 002.78	869.29	86.7	1 091.05	108.8	772.70	88.9
1980～1989年	1 293.01	1 091.03	84.4	800.82	61.9	550.96	50.5
1990～1996年	1 637.64	1 313.44	80.2	456.19	27.9	328.55	25.0
1972～2005年	1 526.86	1 249.70	81.8	566.97	37.1	392.29	31.4

2)各月分配

石—三河段引黄灌区全年引沙时段与引水时段一致,从4月中旬开始,11月上旬结束。从多年平均来看,4月中旬至8月上中旬主要灌溉期内引沙量约占全年引沙量的48%;8月下旬至11月上旬引沙量约占全年引沙量的52%。

比较1997～2006年引沙量年内分配可以看出,10月引沙最多,为601.36万t,占全年引沙量的28.7%;其次为9月,引沙量为417.01万t,占全年引沙量的19.9%;11月引沙最少,为13.23万t,占全年引沙量的0.6%。最大月引沙量约是最小月引沙量的45倍。1997～2006年及其他不同时期灌区引沙量年内分配见表4-2、图4-6。

表4-2 石—三河段引黄灌区不同时期引沙量年内分配 (单位:万t)

时段	引沙量								年引沙量
	4月	5月	6月	7月	8月	9月	10月	11月	
1972～1979年	0.88	48.07	68.57	204.85	282.36	272.05	110.03	15.97	1 002.78
1980～1989年	0.44	63.79	115.46	414.76	181.85	242.38	252.04	22.29	1 293.01
1990～1996年	12.94	146.11	148.44	373.14	245.65	338.56	356.09	16.71	1 637.64
1997～2006年	37.97	216.12	184.52	374.11	249.51	417.01	601.36	13.23	2 093.83
1972～2005年	12.56	116.71	130.94	348.92	239.26	321.45	340.07	16.95	1 526.86

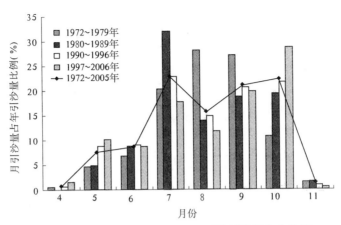

图4-6　石—三河段引黄灌区不同时期引沙量年内分配

3）汛期

1997~2006年汛期平均引沙量1 641.99万t,约占全年引沙量的78.4%,较1972~2005年多年平均汛期引沙量(1 249.70万t)增加了392.29万t;较1972~2005年多年平均汛期引沙量占年引沙量的比例(81.8%)减少了3.4%。不同时期汛期引沙量所占全年引沙量的比例变化不大,为78%~87%,详见表4-1。

4.2.1.2　三湖河口—头道拐河段

1）年际变化

1972年以来,三—头河段引黄灌区的引沙量逐年递增至1985年,随后波动略微下降,2003年达到最小值,为26.71万t;随后增大,至2005年达到最大值,为178.20万t(见图4-7)。年引沙量最大值与最小值的比值为6.7。

1997~2006年灌区引沙量呈M形略微上升趋势,其中2005年引沙量最大,与1997~2006年平均引沙量相比增加了93.29万t,增加了1.1倍;2003年引沙量最小,与1997~2006年平均引沙量相比减少了58.2万t,减少了68.5%。1997~2006年10年间,年引沙量大于1997~2006年平均值的年份与小于多年平均值的年份各为5年(除1999年、2000年、2002年、2005年和2006年全年引沙量大于多年平均值外,其余年份的引沙量均小于多年平均值)。

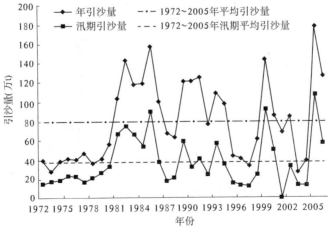

图4-7　1972~2006年三—头河段引黄灌区引沙量

1997～2006 年平均引沙量较 1972～2005 年平均引沙量(79.49 万 t)增加了 5.42 万 t,增长了 6.8%;除较 70 年代增长了 1 倍多外,较其他时期均有不同程度的减少,详见表 4-3。

表 4-3　三—头河段引黄灌区不同时期引沙量变化对比

时段	年均引沙量 (万 t)	汛期引沙量 (万 t)	汛期引沙量所占比例 (%)	1997～2006 年引沙量与其他时段比较			
				年均		汛期	
				变化量 (万 t)	比例 (%)	变化量 (万 t)	比例 (%)
1997～2006 年	84.91	40.65	47.9				
1972～1979 年	39.11	20.41	52.2	45.80	117.1	20.24	99.2
1980～1989 年	104.81	52.45	50.0	-19.90	-19.0	-11.80	-22.5
1990～1996 年	88.32	31.56	35.7	-3.41	-3.9	9.09	28.8
1972～2005 年	79.49	37.01	46.6	5.42	6.8	3.64	9.8

2)各月分配

三—头河段引黄灌区全年引沙时段与引水时段一致,主要集中在 4～7 月和 9～11 月两个主要灌溉期,从多年平均来看,其引沙量分别占年引沙量的 37.5% 和 59.0%。

比较 1997～2006 年引沙量年内分配可以看出,引水期内 10 月引沙量最多,为 32.76 万 t,占全年引沙量的 38.6%;3 月引沙量最少,为 0.75 万 t,占全年引沙量的 0.8%。最大月引沙量约是最小月引沙量的 43 倍。1997～2006 年及其他不同时期引黄灌区引沙量年内分配见表 4-4、图 4-8。

表 4-4　三—头河段引黄灌区不同时期引沙量年内分配　　　　(单位:万 t)

时段	引沙量										年引沙量
	3 月	4 月	5 月	6 月	7 月	8 月	9 月	10 月	11 月	12 月	
1972～1979 年	0.15	3.33	3.95	5.44	1.56	0.79	0.88	17.18	5.76	0.08	39.11
1980～1989 年	0.37	8.48	9.12	16.65	4.97	1.88	1.99	43.62	17.41	0.32	104.81
1990～1996 年	0.54	7.00	9.93	19.72	3.35	1.65	1.19	25.38	18.42	1.14	88.32
1997～2006 年	0.75	7.20	7.56	9.32	2.42	3.05	2.43	32.76	19.42	0	84.91
1972～2005 年	0.48	6.81	7.34	12.49	3.17	1.97	1.75	30.12	15.01	0.35	79.49

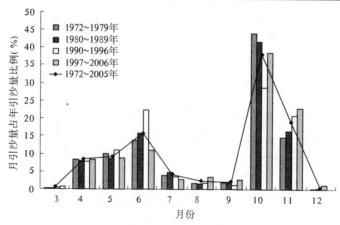

图 4-8　三—头河段引黄灌区不同时期引沙量年内分配

3）汛期

1997～2006年汛期平均引沙40.65万t，占全年引沙量的47.9%，较1972～2005年多年平均汛期引沙量（37.01万t）增加了3.64万t；较1972～2005年多年平均汛期引沙量占年引沙量的比例（46.6%）增加了1.3%。除1990～1996年汛期引沙量占全年引沙量的比例偏小，为35.7%外，其他时期汛期引沙量所占全年引沙量的比例变化不大，在50%左右，详见表4-3。

4.2.1.3 石嘴山—头道拐河段

石—头河段引黄灌区1972～2005年多年平均引沙量为1 606.35万t，汛期引沙量为1 286.71万t，占年总引沙量的80.1%。其中，石—三河段分别占石—头河段年引沙量和汛期引沙量的95.1%和97.1%。

1997～2006年引黄灌区平均引沙量为2 178.74万t，其中汛期引沙量为1 682.64万t，占年总引沙量的77.2%。其中，石—三河段分别占石—头河段年引沙量和汛期引沙量的96.1%和97.6%。

石—头河段引黄灌区不同年代引沙量变化对比及年内分配见表4-5和表4-6。

表4-5　石—头河段引黄灌区不同年代引沙量变化对比

时段	年均引沙量（万t）	汛期引沙量（万t）	汛期引沙量所占比例（%）	1997～2006年引沙量与其他时段比较			
				年均		汛期	
				变化量（万t）	比例（%）	变化量（万t）	比例（%）
1997～2006年	2 178.74	1 682.64	77.2				
1972～1979年	1 041.89	889.70	85.4	1 136.85	109.1	792.94	89.1
1980～1989年	1 397.82	1 143.48	81.8	780.92	55.9	539.16	47.2
1990～1996年	1 725.96	1 345.00	77.9	452.78	26.2	337.64	25.1
1972～2005年	1 606.35	1 286.71	80.1	572.39	35.6	395.93	30.8

表4-6　石—头河段引黄灌区不同时期引沙量年内分配　（单位：万t）

时段	引沙量										年引沙量
	3月	4月	5月	6月	7月	8月	9月	10月	11月	12月	
1972～1979年	0.15	4.21	52.02	74.00	206.42	283.14	272.92	127.22	21.73	0.08	1 041.89
1980～1989年	0.37	8.92	72.91	132.11	419.72	183.73	244.37	295.67	39.70	0.32	1 397.82
1990～1996年	0.54	19.94	156.04	168.15	376.49	247.29	339.75	381.47	35.15	1.14	1 725.96
1997～2006年	0.75	45.18	223.67	193.84	376.54	252.55	419.44	634.11	32.66	0	2 178.74
1972～2005年	0.48	19.37	124.05	143.43	352.08	241.24	323.20	370.19	31.96	0.35	1 606.35

4.2.2 内蒙古引黄灌区退沙特点

与4.2.1部分相同,以石—三河段引黄灌区作为内蒙古灌区的代表,对退沙特点加以分析。

4.2.2.1 年际变化

1972年以来,石—三河段1972～2005年灌区退沙量总体呈增长趋势,而1997～2006年则呈现不规则锯齿状下降趋势(见图4-9)。

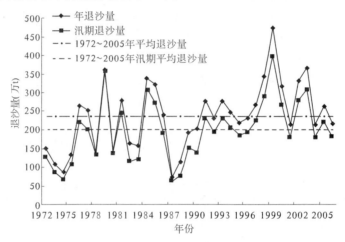

图4-9 1972～2006年石—三河段引黄灌区退沙量

1997～2006年平均年退沙量为301.17万t(受监测资料限制,年退沙量仅指5～11月退沙量之和,其他月份不计,下同),其中1999年退沙量最大,为473.36万t;2004年退沙量最小,为214.37万t,年退沙量最大值与最小值的比值为2.2。1997～2006年10年间,年退沙量小于1997～2006年平均值的年份仅3年,分别为2001年、2004年和2006年。

1997～2006年平均年退沙量较1972～2005多年平均年退沙量(235.52万t)增加了65.65万t,增加了27.9%;较其他时期均为不同程度的增加,尤其是较退沙量最小的70年代,增加了61%,详见表4-7。

表4-7 石—三河段引黄灌区不同时期退沙量变化对比

时段	年均退沙量（万t）	汛期退沙量（万t）	汛期退沙量所占比例（%）	1997～2006年退沙量与其他时段比较			
				年均		汛期	
				变化量（万t）	比例（%）	变化量（万t）	比例（%）
1997～2006年	301.17	253.55	84.2				
1972～1979年	187.10	163.05	87.1	114.07	61.0	90.50	55.5
1980～1989年	203.05	169.11	83.3	98.12	48.3	84.44	49.9
1990～1996年	240.96	198.00	82.2	60.21	25.0	55.55	28.1
1972～2005年	235.52	198.04	84.1	65.65	27.9	55.51	28.0

4.2.2.2　各月分配

石—三河段引黄灌区全年退沙时段与退水时段基本一致,5~9 月是退沙的高峰期,从多年平均来看,占全年退沙量的 89.0%。

比较 1997~2006 年退沙量年内分配可以看出,8 月退沙量最多,为 88.19 万 t,占全年退沙量的 29.3%;11 月退沙量最少,为 3.13 万 t,占全年退沙量的 1.0%。最大月退沙量约是最小月退沙量的 28 倍。1997~2006 年及其他不同时期引黄灌区退沙量年内分配见表 4-8、图 4-10。

表 4-8　不同时期石—三河段引黄灌区退沙量年内分配　　（单位:万 t）

时段	退沙量							年引沙量
	5 月	6 月	7 月	8 月	9 月	10 月	11 月	
1972~1979 年	8.00	15.54	34.91	67.79	48.70	11.65	0.51	187.10
1980~1989 年	8.56	23.25	55.85	50.51	52.31	10.44	2.13	203.05
1990~1996 年	11.43	27.70	60.29	65.81	57.83	14.07	3.83	240.96
1997~2006 年	13.10	31.40	73.43	88.19	75.14	16.78	3.13	301.17
1972~2005 年	10.33	24.76	57.09	68.41	59.25	13.29	2.39	235.52

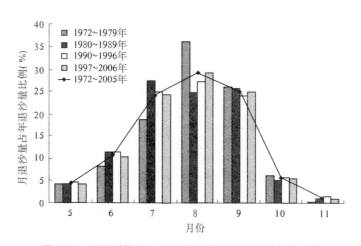

图 4-10　不同时期石—三河段引黄灌区退沙量年内分配

4.2.2.3　汛期

1997~2006 年汛期平均退沙 253.55 万 t,约占全年退沙量的 84.2%,较 1972~2005 年多年平均汛期退沙量(198.04 万 t)增加了 55.51 万 t,与 1972~2005 年多年平均汛期退沙量占年退沙量的比例相同。不同时期汛期退沙量占全年退沙量的比例变化不大,为 82.2%~87.1%,详见表 4-7。

4.2.3　内蒙古引黄灌区引退沙规律分析

石—三河段引黄灌区引退沙变化趋势基本一致:退沙量随引沙量的增减而增减。

1972 年以来,退引比总体呈减小趋势,1982 年以前退引比波动较大,随后呈下降趋势,1988 年后趋于稳定(见图 4-11)。

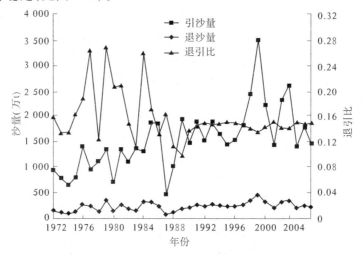

图 4-11 石—三河段引黄灌区年引退沙量过程对比

1997 ~ 2006 年平均退引比为 0.14,且 10 年基本相同,退引比为 0.14 和 0.15 各为 5 年,主要原因是引沙、退沙变化趋势较为一致。

1972 ~ 2005 年平均退引比为 0.15,1979 年退引比最大,为 0.27;1989 年最小,为 0.10,最大值约是最小值的 2.7 倍。其他时期平均退引比见表 4-9。

表 4-9 石—三河段引黄灌区不同时段退引沙比对比

时段	1972 ~ 1979 年	1980 ~ 1989 年	1990 ~ 1996 年	1997 ~ 2006 年	1972 ~ 2005 年
退引比	0.19	0.16	0.15	0.14	0.15

据 1997 ~ 2006 年引水期月平均退引沙资料,绘制石—三河段引黄灌区引退沙年内分配对比图(见图 4-12),与引退水对比图大致一致。从 4 月灌溉开始,退引比逐渐增大,至 8 月达到最大值,为 0.35;之后开始减小,至 10 月由于引沙大幅增多而减至最小,为 0.03;随后在 11 月引沙大幅度减少,而退沙减少并不多,导致该月退引沙比增大,为 0.24。

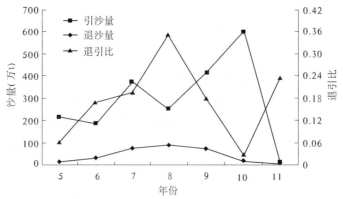

图 4-12 石—三河段引黄灌区引退沙年内分配对比

第5章　主要水文断面水沙变化分析

5.1　主要水文断面水沙变化特点

5.1.1　径流量

5.1.1.1　年际变化

1997～2006年宁蒙河段各主要水文断面实测径流量明显减少,下河沿、青铜峡、石嘴山、巴彦高勒、三湖河口和头道拐各水文断面年均实测径流量依次为231.80亿 m³、159.57亿 m³、194.73亿 m³、133.88亿 m³、140.83亿 m³和131.77亿 m³,比多年平均值(1956～2005年)分别偏少了67.67亿 m³、50.54亿 m³、77.32亿 m³、80.72亿 m³、76.36亿 m³和80.56亿 m³,偏少了22.60%～37.94%,且越向下游偏少越多。与其他时期相比,也明显偏少(见表5-1、图5-1)。

表 5-1　宁蒙河段主要水文断面不同时期实测径流量对比

水文断面	时段	年径流量 (亿 m³)	汛期径流量 (亿 m³)	径流变化量(亿 m³)		变化比例(%)	
				年	汛期	年	汛期
下河沿	1956～1969年	334.75	203.06	102.95	107.07	30.75	52.73
	1970～1979年	314.84	164.37	83.04	68.38	26.38	41.60
	1980～1989年	329.78	175.92	97.98	79.93	29.71	45.44
	1990～1996年	257.11	101.93	25.31	5.94	9.84	5.82
	1997～2006年	231.80	95.99				
	1956～2005年	299.47	156.21	67.67	60.22	22.60	38.55
青铜峡	1956～1969年	211.55	184.53	51.98	118.18	24.57	64.04
	1970～1979年	233.70	124.20	74.13	57.85	31.72	46.58
	1980～1989年	249.35	135.98	89.78	69.63	36.01	51.20
	1990～1996年	188.65	73.44	29.08	7.09	15.41	9.65
	1997～2006年	159.57	66.35				
	1956～2005年	210.11	120.54	50.54	54.19	24.05	44.96
石嘴山	1956～1969年	310.22	194.34	115.49	110.64	37.23	56.93
	1970～1979年	288.60	155.68	93.87	71.98	32.53	46.24
	1980～1989年	300.57	165.12	105.84	81.42	35.21	49.31
	1990～1996年	235.95	98.59	41.22	14.89	17.47	15.10
	1997～2006年	194.73	83.70				
	1956～2005年	272.05	147.20	77.32	63.50	28.42	43.14

水文断面	时段	年径流量（亿 m³）	汛期径流量（亿 m³）	径流变化量（亿 m³）		变化比例（%）	
				年	汛期	年	汛期
巴彦高勒	1956～1969 年	269.62	167.61	135.74	120.81	50.34	72.08
	1970～1979 年	231.87	120.70	97.99	73.90	42.26	61.23
	1980～1989 年	231.27	122.25	97.39	75.45	42.11	61.72
	1990～1996 年	166.91	57.40	33.03	10.60	19.79	18.47
	1997～2006 年	133.88	46.80				
	1956～2005 年	214.60	111.61	80.72	64.81	37.61	58.07
三湖河口	1956～1969 年	255.03	159.26	114.20	108.17	44.78	67.92
	1970～1979 年	238.95	124.47	98.12	73.38	41.06	58.95
	1980～1989 年	245.67	131.57	104.84	80.48	42.67	61.17
	1990～1996 年	174.58	64.37	33.75	13.28	19.33	20.63
	1997～2006 年	140.83	51.09				
	1956～2005 年	217.19	113.68	76.36	62.59	35.16	55.06
头道拐	1956～1969 年	254.41	157.94	122.64	110.80	48.20	70.15
	1970～1979 年	233.12	124.20	101.35	77.06	43.48	62.05
	1980～1989 年	239.03	130.25	107.26	83.11	44.87	63.81
	1990～1996 年	170.08	63.91	38.31	16.77	22.52	26.24
	1997～2006 年	131.77	47.14				
	1956～2005 年	212.33	112.17	80.56	65.03	37.94	57.97

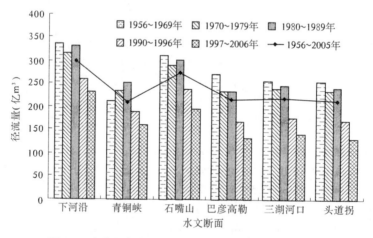

图 5-1 宁蒙河段各水文断面不同时期实测径流量对比

从径流量沿程变化情况（见图 5-1）看，宁蒙河段径流量从上游到下游总体呈减少趋势，其间由于宁夏引黄灌区的大量引水，下河沿径流量到青铜峡减少较多，而后又因宁夏引黄灌区退水的加入，石嘴山断面的径流量有所增加，大于青铜峡径流量，但与下河沿相比仍有所减少；同样，内蒙古灌区的引水使得石嘴山径流量到巴彦高勒又有所减少，之后因内蒙古灌区的退水，到三湖河口径流量比巴彦高勒又略有增大；之后由于三—头引黄灌区引水和支流加入量均较小，因此三湖河口径流量到头道拐略有减少。

1997～2006 年,各断面实测径流量年际变化较大。各断面年径流量的最大值均发生在 2006 年,最小值均发生在 1997 年,最大值分别是最小值的 1.42 倍、1.78 倍、1.42 倍、1.89 倍、1.83 倍和 1.72 倍,详见表 5-2、图 5-2。

表 5-2　1997～2006 年宁蒙河段主要水文断面实测径流量统计　（单位:亿 m³）

水文断面	径流量									
	1997 年	1998 年	1999 年	2000 年	2001 年	2002 年	2003 年	2004 年	2005 年	2006 年
下河沿	195.21	214.43	268.84	235.25	216.01	218.02	202.43	220.08	270.87	276.85
青铜峡	114.33	132.72	187.29	162.87	142.90	145.81	148.70	156.75	201.20	203.08
石嘴山	162.93	181.08	227.81	204.68	181.05	183.93	172.49	178.75	223.28	231.31
巴彦高勒	97.12	115.46	158.29	142.15	112.46	124.11	115.49	126.08	164.31	183.33
三湖河口	102.51	126.49	176.20	145.33	118.70	133.96	126.96	132.65	158.21	187.33
头道拐	101.78	117.08	157.84	140.21	113.27	122.75	112.10	127.57	150.25	174.85

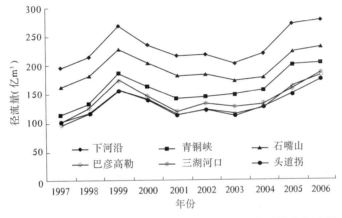

图 5-2　1997～2006 年宁蒙河段各水文断面实测径流量变化过程

5.1.1.2　年内分配

宁蒙河段各断面各月实测径流量相差较多,月最大径流量与月最小径流量的倍比为 2.17～3.85,其中,石嘴山断面倍比最小,头道拐断面倍比最大。与多年平均相比,1997～2006 年宁蒙河段各水文断面月实测径流量,除个别月份外,大部分月份的实测径流量均有所减少。其中,各断面最大月径流量减少较多,比多年平均分别减少了:下河沿 14.8 亿 m³、青铜峡 14.0 亿 m³、石嘴山 16.5 亿 m³、巴彦高勒 16.8 亿 m³、三湖河口 15.3 亿 m³、头道拐 16.8 亿 m³,详见表 5-3。

表 5-3　宁蒙河段主要水文断面月实测径流量　（单位:亿 m³）

断面	时段	实测径流量											
		1 月	2 月	3 月	4 月	5 月	6 月	7 月	8 月	9 月	10 月	11 月	12 月
下河沿	1997～2006 年	12.5	10.3	11.2	18.1	26.2	22.9	23.7	22.9	23.4	26.0	20.0	14.6
	1956～2005 年	12.9	10.9	12.1	16.9	26.7	28.0	40.8	40.5	40.1	34.8	21.0	14.7
青铜峡	1997～2006 年	13.2	11.0	11.6	11.7	11.2	8.6	10.8	12.1	20.1	23.3	10.7	15.1
	1956～2005 年	13.4	11.5	12.6	14.3	13.6	14.3	26.5	28.1	34.1	31.8	13.3	14.9

断面	时段	实测径流量											
		1 月	2 月	3 月	4 月	5 月	6 月	7 月	8 月	9 月	10 月	11 月	12 月
石嘴山	1997~2006 年	12.5	11.7	12.1	13.3	16.7	14.0	16.8	18.0	23.5	25.4	15.2	15.6
	1956~2005 年	12.5	11.9	13.4	15.2	18.0	20.5	34.1	37.7	40.0	35.4	17.9	15.4
巴彦高勒	1997~2006 年	11.6	11.8	13.2	10.7	5.8	5.0	7.5	14.6	14.0	10.7	15.0	14.1
	1956~2005 年	11.9	11.7	14.5	14.4	8.7	11.1	24.0	31.3	31.4	24.9	17.0	13.7
三湖河口	1997~2006 年	10.6	11.8	17.5	11.9	6.9	6.4	8.9	14.5	16.5	11.1	14.5	10.1
	1956~2005 年	11.9	11.8	17.2	14.6	9.0	11.0	23.7	31.7	32.8	25.5	16.3	11.8
头道拐	1997~2006 年	8.6	10.2	21.6	13.3	5.8	5.6	7.8	13.8	16.1	9.5	11.1	8.5
	1956~2005 年	10.8	11.2	18.5	15.4	8.9	9.9	22.3	31.6	32.9	25.4	15.0	10.4

从宁蒙河段各水文断面实测径流量各月占全年比例情况看,1997~2006 年各断面实测径流量的年内分配相对趋于均匀。与多年平均相比,各断面年内最大月径流量占全年径流量的比例,除头道拐由 15.5% 上升到 16.4%,大于多年平均值外,其他断面均小于其多年平均值,如下河沿由多年平均的 13.6% 下降到 11.3%,石嘴山由多年平均的 14.7%下降到 13.1%,三湖河口由多年平均的 15.1% 下降到 12.5%。月径流量占全年径流量比例较大的月份 1997~2006 年所占比例有所下降,月径流量占全年比例较小月份所占比例有所上升;较大月径流量发生的时间也有所改变,如下河沿断面年内较大径流量由多年平均的 7~9 月变为 5~10 月,石嘴山断面由多年平均的 7~10 月变为 9~10 月,头道拐断面由多年平均的 7~10 月变为 3~4 月、8~9 月。见表 5-4、图 5-3~图 5-8。

表 5-4　宁蒙河段主要水文断面实测径流量年内分配　　　　　　　　　　（%）

断面	时段	月径流量占全年径流量比例											
		1 月	2 月	3 月	4 月	5 月	6 月	7 月	8 月	9 月	10 月	11 月	12 月
下河沿	1997~2006 年	5.4	4.5	4.8	7.8	11.3	9.9	10.2	9.9	10.1	11.2	8.6	6.3
	1956~2005 年	4.3	3.7	4.0	5.7	8.9	9.4	13.6	13.5	13.4	11.6	7.0	4.9
青铜峡	1997~2006 年	8.3	6.8	7.3	7.4	7.0	5.4	6.8	7.6	12.6	14.6	6.7	9.5
	1956~2005 年	5.8	5.1	5.5	6.3	5.9	5.4	11.6	12.3	15.0	13.9	5.8	6.5
石嘴山	1997~2006 年	6.4	6.0	6.1	6.8	8.6	7.2	8.6	9.3	12.1	13.1	7.8	8.0
	1956~2005 年	4.6	4.4	4.9	5.6	6.6	7.5	12.5	13.9	14.7	13.0	6.6	5.7
巴彦高勒	1997~2006 年	8.6	8.7	9.9	8.0	4.3	3.8	5.6	10.5	10.5	8.0	11.2	10.5
	1956~2005 年	5.5	5.4	6.8	6.7	4.1	5.2	11.2	14.6	14.6	11.6	7.9	6.4
三湖河口	1997~2006 年	7.5	8.4	12.5	8.4	4.9	4.6	6.3	10.3	11.7	7.9	10.3	7.2
	1956~2005 年	5.5	5.4	7.9	6.7	4.2	5.0	10.9	14.6	15.1	11.8	7.5	5.4
头道拐	1997~2006 年	6.5	7.7	16.4	10.1	4.4	4.3	5.9	10.4	12.2	7.2	8.4	6.5
	1956~2005 年	5.1	5.3	8.7	7.2	4.2	4.6	10.5	14.9	15.5	12.0	7.1	4.9

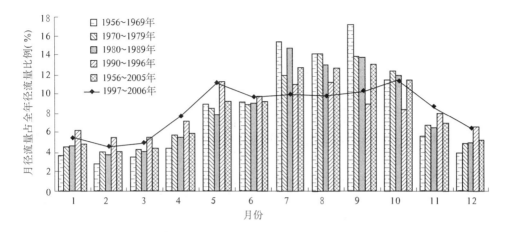

图 5-3　下河沿水文断面不同时期实测径流量年内分配变化

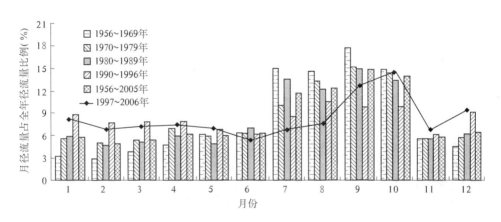

图 5-4　青铜峡水文断面不同时期实测径流量年内分配变化

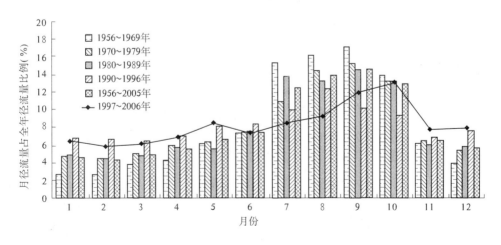

图 5-5　石嘴山水文断面不同时期实测径流量年内分配变化

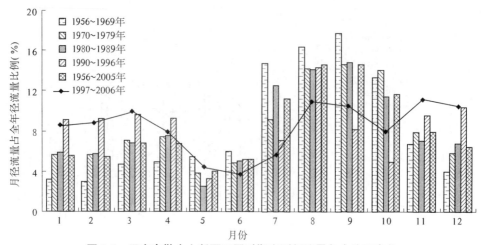

图 5-6　巴彦高勒水文断面不同时期实测径流量年内分配变化

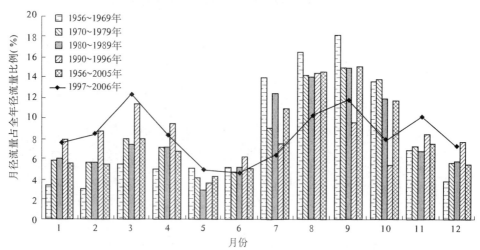

图 5-7　三湖河口水文断面不同时期实测径流量年内分配变化

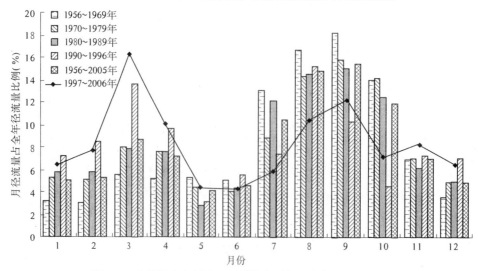

图 5-8　头道拐水文断面不同时期实测径流量年内分配变化

5.1.1.3 汛期

1997~2006年,宁蒙河段各水文断面汛期实测径流量分别为下河沿95.99亿 m³、青铜峡66.35亿 m³、石嘴山83.70亿 m³、巴彦高勒46.80亿 m³、三湖河口51.09亿 m³、头道拐47.14亿 m³,均小于其多年平均值及其他时段的平均值,比多年平均值分别减少38.55%~59.97%,详见表5-1、图5-9。

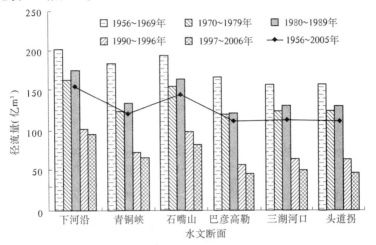

图5-9 宁蒙河段各水文断面不同时期汛期实测径流量对比

宁蒙河段各断面汛期径流量占全年径流量的比例明显下降,下河沿、青铜峡、石嘴山、巴彦高勒、三湖河口、头道拐断面汛期径流量占全年径流量的比例分别为41.41%、41.58%、42.98%、34.95%、36.28%、35.77%,与多年平均相比,各断面汛期所占比例下降了10.75%~17.06%;与其他时段相比,除与1990~1996年比较接近外,比前几个时段均明显降低,见表5-5。

表5-5 宁蒙河段各水文断面汛期实测径流量占全年径流量比例 （%）

时段	各水文断面汛期实测径流量占全年径流量比例					
	下河沿	青铜峡	石嘴山	巴彦高勒	三湖河口	头道拐
1956~1969年	60.66	87.23	62.65	62.17	62.45	62.08
1970~1979年	52.21	53.15	53.94	52.06	52.09	53.28
1980~1989年	53.34	54.53	54.93	52.86	53.56	54.49
1990~1996年	39.64	38.93	41.78	34.39	36.87	37.58
1997~2006年	41.41	41.58	42.98	34.95	36.28	35.77
1956~2005年	52.16	57.37	54.11	52.01	52.34	52.83

5.1.2 输沙量

5.1.2.1 年际变化

1997~2006年,宁蒙河段各断面的年均实测输沙量分别为下河沿5 868万 t、青铜峡6 533万 t、石嘴山6 934万 t、巴彦高勒5 905万 t、三湖河口4 416万 t、头道拐3 205万 t。

十年中各断面的实测输沙量年际变化较大,最大值与最小值的比值为2.27～6.58,其中下河沿断面最大,巴彦高勒断面最小,见表5-6。

表5-6　1997～2006年宁蒙河段各断面实测输沙量　　　　　(单位:万t)

| 年份 | 各断面实测输沙量 | | | | | |
	下河沿	青铜峡	石嘴山	巴彦高勒	三湖河口	头道拐
1997	6 806	7 435	8 937	6 748	2 789	2 497
1998	5 353	4 117	5 205	5 110	3 379	2 375
1999	14 701	14 155	11 712	10 229	8 163	4 307
2000	5 376	7 045	6 052	5 722	3 267	2 840
2001	2 762	3 973	5 759	4 515	3 100	1 993
2002	4 980	6 237	6 241	5 756	3 343	2 681
2003	5 354	6 735	7 099	5 332	3 815	2 578
2004	2 234	3 932	4 716	4 724	3 182	2 389
2005	5 442	4 535	6 621	4 907	6 042	4 036
2006	5 676	7 163	7 003	6 004	7 076	6 350
平均	5 868	6 533	6 934	5 905	4 416	3 205
最大值/最小值	6.58	3.60	2.48	2.27	2.93	3.19

与多年平均相比,下河沿、青铜峡、石嘴山、巴彦高勒、三湖河口和头道拐各断面1997～2006年平均实测输沙量分别减少了6 422万t、2 666万t、5 071万t、4 516万t、5 669万t、7 026万t,减少了28.99%～68.68%。与其他时段相比,除巴彦高勒、三湖河口与1990～1996年的均值相接近外,其余各断面均偏少20%以上,见表5-7、图5-10。

表5-7　宁蒙河段主要水文断面不同时期实测输沙量对比

| 水文断面 | 时段 | 年均输沙量 (万t) | 汛期输沙量 (万t) | 输沙变化量(万t) | | 变化比例(%) | |
				年	汛期	年	汛期
下河沿	1956～1969年	20 012	17 500	14 144	12 968	70.67	74.10
	1970～1979年	12 428	10 885	6 560	6 353	52.78	58.37
	1980～1989年	9 106	6 923	3 238	2 391	35.56	34.54
	1990～1996年	9 424	7 398	3 556	2 866	37.73	38.74
	1997～2006年	5 868	4 532				
	1956～2005年	12 290	10 321	6 422	5 789	52.25	56.09
青铜峡	1956～1969年	12 908	11 661	6 375	5 847	49.39	50.14
	1970～1979年	8 401	7 891	1 868	2 077	22.24	26.32
	1980～1989年	8 207	6 987	1 674	1 173	20.40	16.79
	1990～1996年	9 977	8 719	3 444	2 905	34.52	33.32
	1997～2006年	6 533	5 814				
	1956～2005年	9 199	8 221	2 666	2 407	28.99	29.28
石嘴山	1956～1969年	19 502	15 817	12 568	11 501	64.44	72.71
	1970～1979年	9 704	7 235	2 770	2 919	28.54	40.34
	1980～1989年	10 061	7 231	3 127	2 915	31.08	40.31
	1990～1996年	9 602	6 429	2 668	2 113	27.78	32.87
	1997～2006年	6 934	4 316				
	1956～2005年	12 005	9 006	5 071	4 690	42.24	52.07

水文断面	时段	年均输沙量 (万 t)	汛期输沙量 (万 t)	输沙变化量(万 t)		变化比例(%)	
				年	汛期	年	汛期
巴彦高勒	1956～1969 年	17 755	15 005	11 850	11 849	66.74	78.97
	1970～1979 年	8 509	6 463	2 604	3 307	30.60	51.17
	1980～1989 年	8 374	6 071	2 469	2 915	29.48	48.02
	1990～1996 年	7 234	4 406	1 329	1 250	18.37	28.38
	1997～2006 年	5 905	3 156				
	1956～2005 年	10 421	7 896	4 516	4 740	43.34	60.03
三湖河口	1956～1969 年	17 861	14 840	13 445	12 386	75.28	83.47
	1970～1979 年	9 082	7 119	4 666	4 665	51.38	65.54
	1980～1989 年	9 094	7 120	4 678	4 666	51.44	65.54
	1990～1996 年	5 052	3 049	636	595	12.59	19.53
	1997～2006 年	4 416	2 454				
	1956～2005 年	10 085	7 854	5 669	5 400	56.22	68.76
头道拐	1956～1969 年	17 234	14 093	14 029	12 430	81.41	88.20
	1970～1979 年	11 517	8 990	8 312	7 327	72.18	81.51
	1980～1989 年	9 761	7 759	6 556	6 096	67.17	78.57
	1990～1996 年	4 542	2 738	1 337	1 075	29.45	39.27
	1997～2006 年	3 205	1 663				
	1956～2005 年	10 231	7 944	7 026	6 281	68.68	79.07

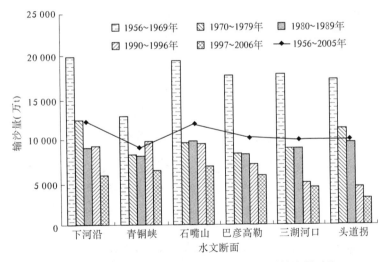

图 5-10　宁蒙河段各水文断面不同时期实测输沙量对比

5.1.2.2　年内分配

宁蒙河段各水文断面输沙量相对集中,各月输沙量差异较大。

各断面最大月输沙量均大于 680 万 t,而最小月输沙量却不足 200 万 t,甚至仅为几万 t,下河沿、青铜峡、石嘴山、巴彦高勒、三湖河口和头道拐各断面最大、最小月输沙量之比分别为 171、352、8、20、26 和 23,见表 5-8。

表 5-8　宁蒙河段主要水文断面月实测输沙量　　　　　　　　　（单位:万 t）

断面	时段	实测输沙量											
		1 月	2 月	3 月	4 月	5 月	6 月	7 月	8 月	9 月	10 月	11 月	12 月
下河沿	1997～2006 年	12	11	15	63	464	682	1 831	1 877	498	326	68	22
	1956～2005 年	12	13	53	136	511	1 155	3 782	4 508	1 593	438	68	20
青铜峡	1997～2006 年	8	6	13	38	238	370	1 682	1 987	1 332	812	36	12
	1956～2005 年	13	10	32	117	189	528	2 451	3 083	2 004	726	70	30
石嘴山	1997～2006 年	152	152	292	335	501	482	991	1 231	1 099	995	388	316
	1956～2005 年	98	106	296	398	522	726	2 146	3 184	2 175	1 501	543	311
巴彦高勒	1997～2006 年	75	77	471	387	129	165	527	1 524	707	398	973	472
	1956～2005 年	68	62	299	460	231	349	1 809	2 963	2 037	1 087	745	311
三湖河口	1997～2006 年	34	33	399	436	186	171	420	835	803	395	536	169
	1956～2005 年	46	38	256	480	298	368	1 565	2 509	2 310	1 470	606	139
头道拐	1997～2006 年	30	37	680	338	95	117	288	574	604	197	197	49
	1956～2005 年	34	39	532	473	307	342	1 608	2 452	2 233	1 652	478	82

从图 5-11 可以看出,各水文断面 7～9 月输沙量占全年输沙量比例较大,1 月、2 月所占比例均较小;输沙量最大的月份除头道拐出现在 3 月外,其他断面均出现在 8 月;月输沙量占全年输沙量比例的最大值均接近或超过 20%。

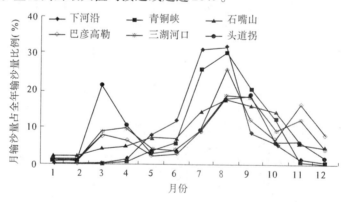

图 5-11　1997～2006 年宁蒙河段各水文断面实测输沙量月分配

对比各断面不同时期年内月实测输沙量占全年输沙量的比例,1997～2006 年最大月输沙量占全年输沙量的比例有所下降,见图 5-12～图 5-17。与多年平均相比,下河沿断面 1997～2006 年平均最大月输沙量占全年输沙量的比例由多年平均的 36.7% 下降到 32%,石嘴山断面由 33.3% 下降到 30.4%,三湖河口断面由 24.9% 下降到 18.9%,头道拐断面由 24.0% 下降到 21.2%,见表 5-9。

表 5-9　宁蒙河段主要水文断面实测输沙量年内分配　　　　　　　　（％）

断面	时段	实测输沙量占全年输沙量比例											
		1月	2月	3月	4月	5月	6月	7月	8月	9月	10月	11月	12月
下河沿	1997~2006年	0.2	0.2	0.2	1.1	7.9	11.6	31.2	32.0	8.5	5.5	1.2	0.4
	1956~2005年	0.1	0.1	0.4	1.1	4.1	9.4	30.8	36.7	13.0	3.6	0.5	0.2
青铜峡	1997~2006年	0.1	0.1	0.2	0.6	3.6	5.7	25.7	30.4	20.4	12.4	0.6	0.2
	1956~2005年	0.2	0.1	0.3	1.3	2.0	5.7	26.5	33.3	21.7	7.8	0.8	0.3
石嘴山	1997~2006年	2.2	2.2	4.2	4.8	7.2	7.0	14.3	17.8	15.8	14.3	5.6	4.6
	1956~2005年	0.8	0.9	2.5	3.3	4.4	6.0	17.9	26.5	18.1	12.5	4.5	2.6
巴彦高勒	1997~2006年	1.2	1.3	8.0	6.6	2.2	2.8	8.9	25.8	11.9	6.7	16.5	8.0
	1956~2005年	0.7	0.6	2.9	4.4	2.2	3.3	17.4	28.4	19.5	10.4	7.2	3.0
三湖河口	1997~2006年	0.8	0.7	9.0	9.9	4.2	3.9	9.5	18.9	18.2	9.0	12.1	3.8
	1956~2005年	0.5	0.4	2.5	4.8	3.0	3.6	15.5	24.9	22.9	14.6	6.0	1.3
头道拐	1997~2006年	0.9	1.1	21.2	10.6	3.0	3.6	9.0	17.9	18.8	6.2	6.2	1.5
	1956~2005年	0.3	0.4	5.2	4.6	3.0	3.4	15.7	24.0	21.8	16.1	4.7	0.8

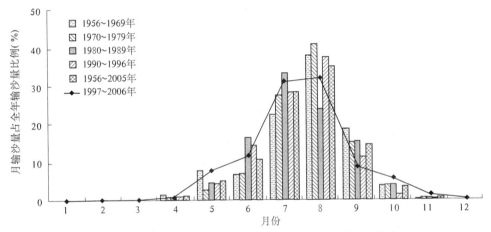

图 5-12　下河沿水文断面不同时期实测输沙量年内分配变化

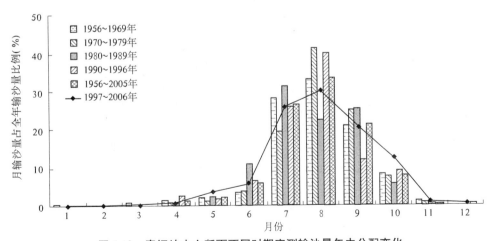

图 5-13　青铜峡水文断面不同时期实测输沙量年内分配变化

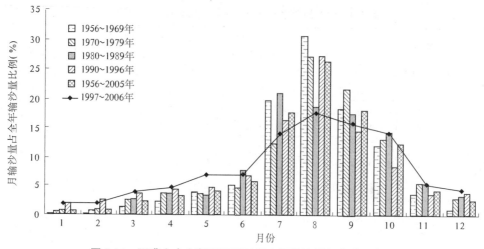

图 5-14　石嘴山水文断面不同时期实测输沙量年内分配变化

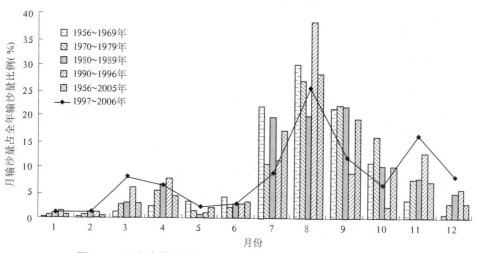

图 5-15　巴彦高勒水文断面不同时期实测输沙量年内分配变化

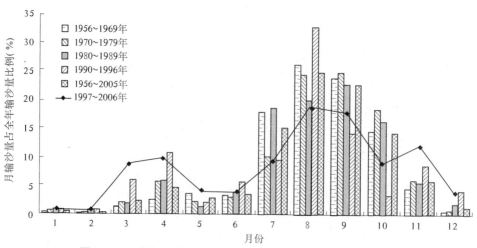

图 5-16　三湖河口水文断面不同时期实测输沙量年内分配变化

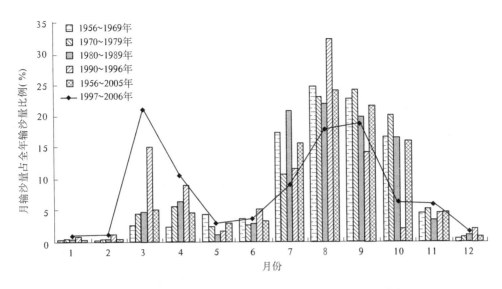

图 5-17　头道拐水文断面不同时期实测输沙量年内分配变化

5.1.2.3　汛期

1997～2006 年,宁蒙河段各水文断面汛期输沙量明显减小,实测输沙量分别为下河沿 4 532 万 t、青铜峡 5 814 万 t、石嘴山 4 316 万 t、巴彦高勒 3 156 万 t、三湖河口 2 454 万 t、头道拐 1 663 万 t,均小于其多年平均值及不同时段的均值,比多年平均值减少了 29.28% ～ 79.07% ,见表 5-10、图 5-18。

从表 5-10 可以看出,宁蒙河段各水文断面汛期输沙量占全年的比例有所下降。1997～2006 年下河沿、青铜峡、石嘴山、巴彦高勒、三湖河口和头道拐各水文断面汛期输沙量所占比例分别为 77.2%、89.0%、62.2%、53.4%、55.6%、51.9% 。与多年平均输沙量相比,青铜峡断面汛期输沙量所占比例与多年平均值比较接近,下河沿断面汛期输沙量比多年均值下降了 6.8%,其他断面汛期输沙量均下降了 12% 以上,头道拐断面下降最多,为25.7% ;与其他时期比,1997～2006 年各断面汛期输沙量所占比例均明显降低。

表 5-10　宁蒙河段各水文断面不同时期汛期输沙量占全年输沙量比例　　　　　（%）

时段	汛期输沙量占全年输沙量比例					
	下河沿	青铜峡	石嘴山	巴彦高勒	三湖河口	头道拐
1956～1969 年	87.4	90.3	81.1	84.5	83.1	81.8
1970～1979 年	87.6	93.9	74.6	76.0	78.4	78.1
1980～1989 年	76.0	85.1	71.9	72.5	78.3	79.5
1990～1996 年	78.5	87.4	67.0	60.9	60.4	60.3
1997～2006 年	77.2	89.0	62.2	53.4	55.6	51.9
1956～2005 年	84.0	89.4	75.0	75.8	77.9	77.6

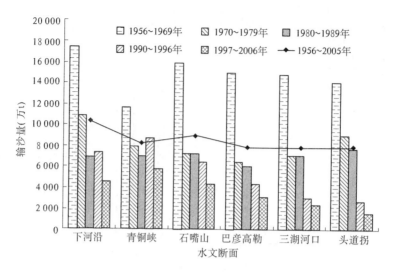

图 5-18　宁蒙河段各水文断面不同时期汛期实测输沙量对比

5.1.3　含沙量

5.1.3.1　年际变化

1997～2006 年,宁蒙河段各水文断面年均含沙量分别为下河沿 2.53 kg/m³、青铜峡 4.09 kg/m³、石嘴山 3.56 kg/m³、巴彦高勒 4.41 kg/m³、三湖河口 3.14 kg/m³、头道拐 2.43 kg/m³。由此可见,该河段含沙量的沿程变化受区间灌区引水和河道冲淤影响,从下河沿到青铜峡明显增大,到石嘴山含沙量却又有所减小,至巴彦高勒增至最大,然后逐渐减小,到头道拐达到河段最小值。

与多年平均含沙量相比,各断面含沙量均明显减小。头道拐断面减小最多,为 2.39 kg/m³;青铜峡减小最少,为 0.28 kg/m³。与其他不同时期相比,下河沿和头道拐断面的含沙量均小于其他时段的含沙量,三湖河口仅大于 1990～1996 年的平均含沙量,石嘴山断面的含沙量略大于 1970～1979 年和 1980～1989 年两个时段的含沙量,但比其他两个时段的含沙量小。详见表 5-11、图 5-19。

表 5-11　宁蒙河段主要水文断面不同时期含沙量对比

水文断面	时段	年含沙量（kg/m³）	汛期含沙量（kg/m³）	含沙量变化量（kg/m³）		变化比例（%）	
				年	汛期	年	汛期
下河沿	1956～1969 年	5.98	8.62	3.45	3.90	57.69	45.24
	1970～1979 年	3.95	6.62	1.42	1.90	35.95	28.70
	1980～1989 年	2.76	3.94	0.23	−0.78	8.33	−19.80
	1990～1996 年	3.67	7.26	1.14	2.54	31.06	34.99
	1997～2006 年	2.53	4.72				
	1956～2005 年	4.10	6.61	1.57	1.89	38.29	28.59
青铜峡	1956～1969 年	6.10	6.32	2.01	−2.44	32.95	−38.61
	1970～1979 年	3.59	6.35	−0.50	−2.41	−13.93	−37.95
	1980～1989 年	3.29	5.14	−0.80	−3.62	−24.32	−70.43
	1990～1996 年	5.29	11.87	1.20	3.11	22.50	26.20
	1997～2006 年	4.09	8.76				
	1956～2005 年	4.38	6.82	0.28	−1.94	6.39	−28.45

水文断面	时段	年含沙量（kg/m³）	汛期含沙量（kg/m³）	含沙量变化量（kg/m³）		变化比例（%）	
				年	汛期	年	汛期
石嘴山	1956～1969 年	6.29	8.14	2.73	2.98	43.40	36.61
	1970～1979 年	3.36	4.65	-0.20	-0.51	-5.95	-10.97
	1980～1989 年	3.35	4.38	-0.21	-0.78	-6.27	-17.81
	1990～1996 年	4.07	6.52	0.51	1.36	12.53	20.86
	1997～2006 年	3.56	5.16				
	1956～2005 年	4.41	6.12	0.85	0.96	19.27	15.69
巴彦高勒	1956～1969 年	6.59	8.95	2.18	2.21	33.08	24.69
	1970～1979 年	3.67	5.35	-0.74	-1.39	-20.16	-25.98
	1980～1989 年	3.62	4.97	-0.79	-1.77	-21.82	-35.61
	1990～1996 年	4.33	7.68	-0.08	0.94	-1.85	12.24
	1997～2006 年	4.41	6.74				
	1956～2005 年	4.86	7.07	0.45	0.33	9.26	4.67
三湖河口	1956～1969 年	7.00	9.32	3.86	4.52	55.14	48.50
	1970～1979 年	3.80	5.72	0.66	0.92	17.37	16.08
	1980～1989 年	3.70	5.41	0.56	0.61	15.14	11.28
	1990～1996 年	2.89	4.74	-0.25	-0.06	-8.65	-1.27
	1997～2006 年	3.14	4.80				
	1956～2005 年	4.64	6.91	1.50	2.11	32.33	30.54
头道拐	1956～1969 年	6.77	8.92	4.34	5.39	64.11	60.43
	1970～1979 年	4.94	7.24	2.51	3.71	50.81	51.24
	1980～1989 年	4.08	5.96	1.65	2.43	40.44	40.77
	1990～1996 年	2.67	4.28	0.24	0.75	8.99	17.52
	1997～2006 年	2.43	3.53				
	1956～2005 年	4.82	7.08	2.39	3.55	49.59	50.14

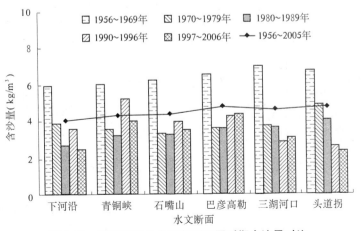

图 5-19 宁蒙河段各水文断面不同时期含沙量对比

1997～2006 年,宁蒙河段各断面含沙量年际变化较大。各断面年均含沙量最大值均为最小值的 2 倍以上,下河沿断面最大为 5.39 倍。十年中,1997 年和 1999 年各断面含沙量普遍较大,2000 年之后普遍变小,见图 5-20。

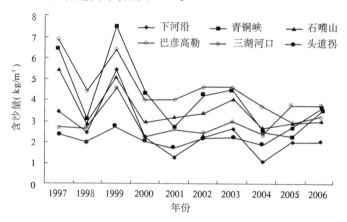

图 5-20　1997～2006 年宁蒙河段各水文断面含沙量变化过程

5.1.3.2　年内分配

1997～2006 年宁蒙河段各断面月含沙量变化较大。各断面 7 月、8 月的含沙量均较大,1 月、2 月的含沙量相对较小;月最大含沙量与最小含沙量相差 3.82 kg/m³ 以上,青铜峡断面相差最多,为 16.40 kg/m³,最大含沙量是最小含沙量的 329 倍,详见表 5-12、图 5-21。

表 5-12　宁蒙河段主要水文断面月含沙量统计　　　　　(单位:kg/m³)

断面	时段	含沙量											
		1 月	2 月	3 月	4 月	5 月	6 月	7 月	8 月	9 月	10 月	11 月	12 月
下河沿	1997～2006 年	0.10	0.11	0.13	0.35	1.77	2.97	7.73	8.19	2.12	1.26	0.34	0.15
	1956～2005 年	0.09	0.12	0.43	0.81	1.91	4.12	9.26	11.14	3.97	1.26	0.33	0.14
青铜峡	1997～2006 年	0.06	0.05	0.11	0.32	2.13	4.28	15.58	16.45	6.62	3.48	0.34	0.08
	1956～2005 年	0..10	0.09	0.25	0.82	1.39	3.69	9.26	10.96	5.87	2.28	0.53	0.20
石嘴山	1997～2006 年	1.22	1.30	2.42	2.52	3.00	3.43	5.91	6.83	4.68	3.91	2.55	2.03
	1956～2005 年	0.78	0.89	2.20	2.62	2.89	3.54	6.30	8.43	5.44	4.24	3.03	2.02
巴彦高勒	1997～2006 年	0.64	0.65	3.57	3.63	2.22	3.28	6.99	10.46	5.05	3.72	6.50	3.36
	1956～2005 年	0.57	0.53	2.06	3.19	2.66	3.14	7.53	9.46	6.49	4.37	4.39	2.27
三湖河口	1997～2006 年	0.32	0.28	2.27	3.67	2.69	2.66	4.71	5.75	4.85	3.56	3.70	1.67
	1956～2005 年	0.39	0.32	1.48	3.30	3.30	3.35	6.60	7.93	7.05	5.75	3.73	1.18
头道拐	1997～2006 年	0.35	0.36	3.14	2.55	1.65	2.08	3.71	4.17	3.75	2.07	1.78	0.57
	1956～2005 年	0.32	0.35	2.87	3.07	3.45	3.46	7.20	7.77	6.79	6.50	3.19	0.78

与多年平均含沙量相比,1997～2006 年宁蒙河段除青铜峡、巴彦高勒外,各断面月含沙量最大值明显减小,含沙量较小月份的含沙量大部分有所增加。下河沿断面的最大月含沙量由 11.14 kg/m³ 减小到 8.19 kg/m³,石嘴山断面最大月含沙量由 8.43 kg/m³ 减小到 6.83 kg/m³,头道拐断面最大月含沙量由 7.77 kg/m³ 减小到 4.17 kg/m³。而青铜峡断

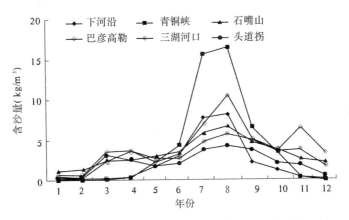

图 5-21　1997~2006 年宁蒙河段主要水文断面含沙量变化过程

面却表现为含沙量大的月份含沙量比多年平均值有所增加,含沙量小的月份含沙量比多年平均值有所减小;巴彦高勒断面则表现为除 5 月、10 月两个月外,其他各月含沙量比多年平均值均有所增加。见图 5-22 ~ 图 5-27。

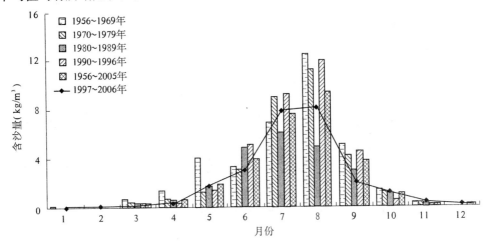

图 5-22　下河沿水文断面不同时期含沙量年内分配变化

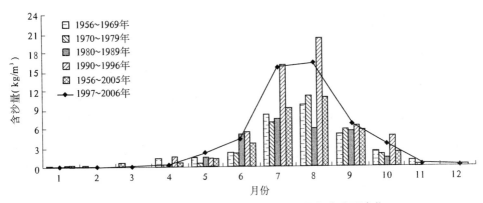

图 5-23　青铜峡水文断面不同时期含沙量年内分配变化

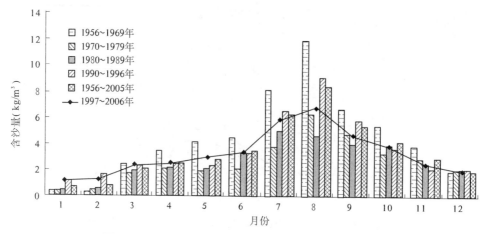

图 5-24　石嘴山水文断面不同时期含沙量年内分配变化

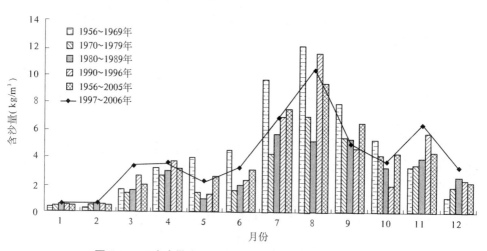

图 5-25　巴彦高勒水文断面不同时期含沙量年内分配变化

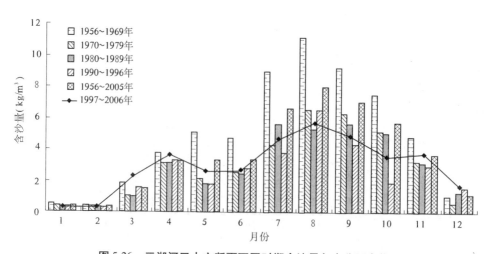

图 5-26　三湖河口水文断面不同时期含沙量年内分配变化

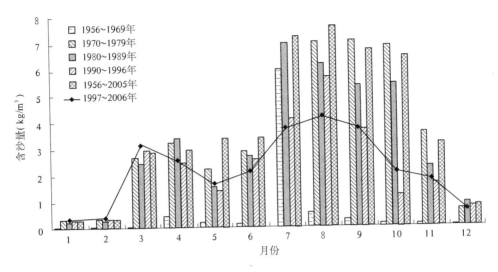

图 5-27　头道拐水文断面不同时期含沙量年内分配变化

5.1.3.3　汛期

从表 5-11 可知,1997～2006 年宁蒙河段各水文断面汛期平均含沙量分别为下河沿 4.72 kg/m³、青铜峡 8.76 kg/m³、石嘴山 5.16 kg/m³、巴彦高勒 6.74 kg/m³、三湖河口 4.80 kg/m³、头道拐 3.53 kg/m³,明显大于各断面的年均含沙量,分别为年均含沙量的 1.9 倍 (下河沿)、2.1 倍(青铜峡)、1.4 倍(石嘴山)、1.5 倍(巴彦高勒、三湖河口和头道拐)。

与多年平均相比,除青铜峡比多年平均值增加了 1.94 kg/m³ 外,其他断面汛期含沙量均明显减小,其中头道拐减小最多,减小了 3.55 kg/m³。与其他不同时期相比,头道拐断面的汛期含沙量均小于其他时段,下河沿仅大于 1980～1989 年时段,青铜峡仅小于 1990～1996 年时段,三湖河口仅大于 1990～1996 年时段,石嘴山、巴彦高勒两断面大于 1970～1979 年和 1980～1989 年两个时段,但小于其他两个时段,见图 5-28。

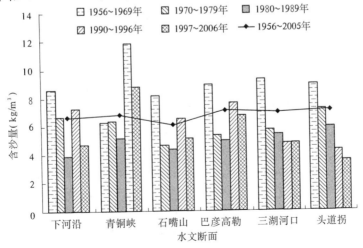

图 5-28　宁蒙河段主要水文断面不同时期汛期含沙量对比

5.2 主要水文断面间水沙关系分析

5.2.1 下河沿—石嘴山

下河沿—石嘴山河段位于宁夏回族自治区,宁夏引黄灌区的引水、排水及主要入黄支流均位于该河段。其中,下河沿—青铜峡河段主要有卫宁灌区的引水和排水,青铜峡灌区的引水,清水河、红柳沟等入黄支流加入。青铜峡—石嘴山河段主要有青铜峡灌区的排水,苦水河、都思兔河加入等。在该河段,还有水利工程青铜峡枢纽于1967年建成运用。

5.2.1.1 径流量

1)年际变化

1997~2006年,石嘴山断面的实测径流量均小于下河沿断面,1997~2006年石嘴山断面年均实测径流量(194.73亿 m³)比下河沿断面(231.80亿 m³)减少了37.07亿 m³,其中2005年减少最多,为47.59亿 m³,2003年减少最少,为29.94亿 m³。

1997~2006年,下—石区间引水量为54.03亿~89.48亿 m³,年均引水量为75.94亿 m³,占下河沿断面径流量的32.8%;年均退水量为39.38亿 m³,占下河沿断面径流量的17%;十年平均区间净引水量为36.55亿 m³,占下河沿断面径流量的15.8%。区间支流加入量较小,最大为1.86亿 m³,平均为1.41亿 m³,仅为下河沿断面径流量的0.6%,详见表5-13。

表5-13 1997~2006年下河沿—石嘴山水文断面间水量变化情况 (单位:亿 m³)

年份	下河沿径流量	石嘴山径流量	下、石径流量差值	区间支流加入量	区间引水量	区间退水量	区间净引水量
1997	195.21	162.93	32.28	1.41	87.82	46.96	40.86
1998	214.43	181.08	33.35	1.76	87.73	53.04	34.69
1999	268.84	227.81	41.03	1.86	89.48	49.38	40.09
2000	235.25	204.68	30.57	1.53	80.25	43.48	36.77
2001	216.01	181.05	34.96	1.53	79.98	40.40	39.58
2002	218.02	183.93	34.09	1.79	72.01	43.65	28.36
2003	202.43	172.49	29.94	1.34	54.03	25.73	28.30
2004	220.08	178.75	41.33	1.00	67.36	30.87	36.49
2005	270.87	223.28	47.59	0.71	71.66	29.28	42.38
2006	276.85	231.31	45.54	1.17	69.04	31.03	38.01
平均	231.80	194.73	37.07	1.41	75.94	39.38	36.55
占下河沿径流量比例(%)				0.6	32.8	17.0	15.8

石嘴山断面实测径流量与下河沿断面的变化趋势一致,随下河沿断面径流量的增减而增减。其与下河沿断面的径流量差明显受区间引水影响,两断面的径流量差值与区间净引水量接近,且随区间净引水量的增减而增减,见图5-29。

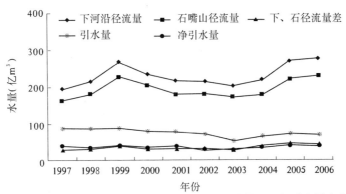

图 5-29　1997～2006 年下河沿、石嘴山水文断面径流量及区间引水量变化过程

综上所述,石嘴山断面的径流量主要受下河沿断面来水影响,同时在区间引退水、支流加入及河道损失综合作用下,石嘴山断面比下河沿断面同期径流量有所减少。

2)年内分配

除8月和12月两个月份外,其他月份石嘴山断面月径流量均随着下河沿断面的增减而增减,二者差值则与区间净引水量接近且变化一致。在灌区引水量较大的4～8月和11月6个月份,石嘴山断面的径流量明显小于下河沿断面的径流量,引水量最大的5月二者差值最大,达9.17亿 m³;其他月份则接近或略大于下河沿断面的径流量。

区间引水期为3～11月,其中月最大引水量为15.60亿 m³(5月),月最小引水量为0.05亿 m³(3月);区间各月退水量相差较多,月最大退水量为6.79亿 m³(7月),最小退水量为0.55亿 m³(2月);区间支流月加入量较小,为0.03亿～0.62亿 m³,其中8月加入量最大,详见表5-14、图5-30。

表 5-14　1997～2006 年下河沿—石嘴山水文断面间月水量情况　（单位:亿 m³）

项目	1 月	2 月	3 月	4 月	5 月	6 月	7 月	8 月	9 月	10 月	11 月	12 月
下河沿径流量	12.52	10.28	11.23	18.08	26.21	22.93	23.68	22.93	23.43	25.95	19.99	14.56
石嘴山径流量	12.46	11.71	12.08	13.30	16.72	14.03	16.76	18.03	23.48	25.42	15.19	15.55
下、石径流量差	0.06	-1.43	-0.85	4.78	9.49	8.91	6.92	4.90	-0.05	0.53	4.80	-0.99
区间支流加入量	0.03	0.04	0.04	0.04	0.04	0.06	0.35	0.62	0.07	0.05	0.04	0.04
区间引水量	0	0	0.05	5.83	15.60	14.43	13.94	11.16	2.97	2.20	9.76	0
区间退水量	0.63	0.55	0.72	1.57	6.43	6.43	6.79	6.21	3.04	1.34	4.62	1.06
区间净引水量	-0.63	-0.55	-0.67	4.27	9.17	7.99	7.16	4.95	-0.07	0.87	5.14	-1.06

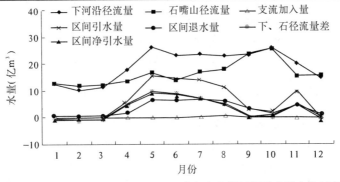

图 5-30　1997～2006 年下河沿—石嘴山水文断面间月水量变化过程

从下河沿、石嘴山水文断面月径流量关系图(见图5-31)中可以看出,在下河沿来水相同的情况下,受区间引水影响,引水期石嘴山断面的径流量明显小于非引水期。

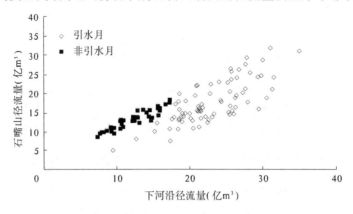

图5-31　下河沿、石嘴山水文断面月径流量关系

3)汛期

1997～2006年,石嘴山断面汛期实测径流量均小于下河沿断面,平均比下河沿断面少12.29亿 m³,其中2003年相差最少,为8.40亿 m³,2005年相差最多,为17.95亿 m³,见表5-15。

表5-15　1997～2006年下河沿—石嘴山水文断面间汛期水量变化情况　　　（单位:亿 m³）

年份	下河沿径流量	石嘴山径流量	下、石径流量差值	区间支流加入量	区间引水量	区间退水量	区间净引水量
1997	82.34	73.38	8.96	1.23	36.87	22.70	14.17
1998	84.53	72.98	11.55	1.53	36.89	24.13	12.76
1999	118.66	105.75	12.91	1.62	35.50	21.79	13.71
2000	90.77	81.29	9.48	1.33	32.01	19.26	12.75
2001	86.22	74.91	11.31	1.33	32.00	18.03	13.97
2002	86.99	70.98	16.01	1.56	31.68	18.92	12.77
2003	97.69	89.29	8.40	0.88	21.63	10.90	10.73
2004	83.44	70.04	13.40	0.52	24.59	12.71	11.88
2005	120.67	102.72	17.95	0.29	27.70	11.85	15.86
2006	108.59	95.66	12.93	0.64	23.87	13.43	10.44
平均	95.99	83.70	12.29	1.09	30.27	17.37	12.90
占下河沿径流量比例（%）				1.1	31.5	18.1	13.4

1997～2006年,下—石区间汛期引水量为21.63亿～36.89亿 m³,汛期平均引水30.27亿 m³,占同期下河沿断面来水量的31.5%;汛期平均退水17.37亿 m³,占同期下河沿断面来水量的18.1%;汛期平均净引水12.90亿 m³,占同期下河沿断面来水量的13.4%;汛期支流平均加入量为1.09亿 m³,仅为同期下河沿断面来水量的1.1%。

从下河沿—石嘴山断面间水量变化可以看出,石嘴山断面的径流量主要受下河沿来水影响,同时区间引水对其也有明显的影响。

5.2.1.2 输沙量

1)年际变化

1997~2006年,石嘴山水文断面平均实测输沙量为6 935万t,比下河沿断面(5 868万t)多1 067万t。十年中,石嘴山断面的实测输沙量除1998年、1999年比下河沿断面输沙量少外,其他年份均多于下河沿断面,见表5-16。

表5-16　1997~2006年下河沿—石嘴山水文断面间沙量变化情况　　（单位:万t）

年份	下河沿输沙量	石嘴山输沙量	下、石输沙量差值	区间支流加沙量	区间引沙量	区间退沙量	河道冲淤
1997	6 806	8 937	-2 131	5 861	4 136	617	-11 511
1998	5 353	5 205	148	2 666	3 208	530	136
1999	14 701	11 712	2 989	6 453	5 484	744	4 702
2000	5 376	6 052	-676	5 287	2 708	483	2 386
2001	2 762	5 759	-2 997	4 685	1 317	352	724
2002	4 980	6 241	-1 261	6 701	2 294	444	3 590
2003	5 354	7 099	-1 745	2 984	1 532	373	80
2004	2 234	4 716	-2 482	2 977	1 313	352	-466
2005	5 442	6 621	-1 179	2 086	1 926	410	-610
2006	5 676	7 003	-1 327	3 607	1 826	400	853
平均	5 868	6 935	-1 066	4 331	2 574	471	-16
占下河沿输沙量比例(%)				73.8	43.9	8.0	2.0

注:表中河道冲淤量,正值为淤积,负值为冲刷。

1997~2006年,下—石区间年均引沙量为2 574万t,接近下河沿断面输沙量的一半;退沙量则较小,为471万t,还不到下河沿断面输沙量的10%。区间支流加入的沙量相对较多,十年平均为4 331万t,仅比下河沿断面输沙量少1 537万t,是下河沿断面输沙量的73.8%,引沙量的1.7倍;其中2001年、2002年和2004年支流的加沙量超出了下河沿的来沙量。

从1997~2006年下—石区间的沙量平衡看,1997年、2004年和2005年下—石区间河道为冲刷状态,最大年冲刷量为11 511万t(1997年);其他年份均为淤积,最大年淤积量为4 702万t(1999年)。十年平均河道基本处于微冲状态。

十年中,石嘴山断面的实测输沙量与下河沿断面的变化基本一致,均随下河沿断面的增减而增减。两断面实测输沙量最大值均发生在1999年,最小值均发生在2004年,见图5-32。

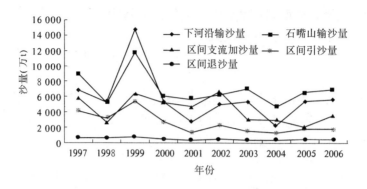

图 5-32　1997~2006 年下河沿—石嘴山水文断面间沙量变化过程

综上分析,石嘴山断面的实测输沙量随下河沿断面输沙量增减而增减,受区间引水引沙、支流来沙和河道泥沙冲淤综合影响作用,石嘴山输沙量增减幅度小于下河沿来沙量的增减幅度。

2)年内分配

从 1997~2006 年下河沿和石嘴山水文断面平均月实测输沙量情况看,石嘴山水文断面各月输沙量较下河沿断面要平缓一些。下河沿和石嘴山水文断面年内各月输沙量的变化趋势基本一致,除 6 月外,石嘴山断面的输沙量随着下河沿断面输沙量的增减而增减;一年中,除 6~8 月三个月份石嘴山断面月实测输沙量比下河沿断面少,其他月份石嘴山断面月实测输沙量均大于下河沿断面,见表 5-17、图 5-33。

区间引沙、退沙期为 4~11 月,月最大引沙量为 977 万 t(7 月),月最大退沙量为 107 万 t(5 月)。区间支流加沙量各月差异较大,月最大加沙量为 1 594 万 t(8 月),而 1 月、2 月和 12 月加沙量几乎为 0。

表 5-17　1997~2006 年下河沿、石嘴山断面月均实测输沙量及区间引沙量、退沙量统计

(单位:万 t)

项目	1 月	2 月	3 月	4 月	5 月	6 月	7 月	8 月	9 月	10 月	11 月	12 月
下河沿输沙量	12	11	15	63	464	682	1 831	1 877	498	326	68	22
石嘴山输沙量	152	152	292	335	501	482	991	1 231	1 099	995	388	316
下、石输沙量差	-140	-141	-277	-272	-37	200	840	646	-601	-669	-320	-294
区间支流加沙量	0	0	9	22	249	459	1 226	1 594	684	80	8	0
区间引沙量	0	0	0	27	248	354	977	833	77	12	46	0
区间退沙量	0	0	0	7	107	92	106	102	33	2	22	0
区间净引沙量	0	0	0	20	142	262	871	731	43	11	25	0

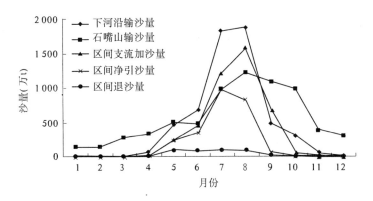

图 5-33 1997～2006 年下河沿—石嘴山水文断面间月沙量变化过程

3）汛期

1997～2006 年,石嘴山断面汛期的总输沙量比下河沿断面少 216 万 t,其中 2000～2005 年石嘴山断面比下河沿断面分别多输沙 361 万～1 156 万 t,其他年份则比下河沿断面少输沙 142 万～4 357 万 t。十年中,下河沿—石嘴山河段的区间支流加沙量平均为 3 583万 t,为下河沿断面同期来沙量的 79.1%;引沙量为 1 899 万 t,占下河沿断面同期来沙量的 41.9%;退沙量却较小,仅 243 万 t,占下河沿断面同期来沙量的 5.4%。从区间汛期的沙量平衡结果看,1997～2006 年下河沿—石嘴山河段汛期呈淤积状态,平均淤积泥沙 1 656 万 t,为下河沿断面同期来沙量的 36.5%,见表 5-18。

表 5-18　1997～2006 年下河沿—石嘴山水文断面间沙量统计　　（单位:万 t）

年份	下河沿输沙量	石嘴山输沙量	下、石输沙量差值	区间支流加沙量	区间引沙量	区间退沙量	河道冲淤量
1997	6 055	5 814	241	4 743	3 543	319	3 224
1998	3 388	2 315	1 073	2 138	1 944	274	1 671
1999	13 469	9 112	4 357	5 275	4 582	384	4 198
2000	2 806	3 206	−400	4 386	1 655	249	1 406
2001	2 307	3 463	−1 156	3 921	1 106	182	924
2002	3 012	3 421	−409	5 608	1 499	229	1 270
2003	4 442	5 399	−957	2 498	1 176	192	983
2004	1 940	2 314	−374	2 492	1 022	182	840
2005	3 778	4 139	−361	1 746	1 181	211	969
2006	4 121	3 979	142	3 019	1 280	207	1 073
平均	4 532	4 316	216	3 583	1 899	243	1 656
占下河沿输沙量比例(%)				79.1	41.9	5.4	36.5

注:表中河道冲淤量,正值为淤积,负值为冲刷。

5.2.2 石嘴山—三湖河口

5.2.2.1 径流量

1)年际变化

1997～2006年,三湖河口断面实测年径流量随石嘴山年径流量的增减而增减;石嘴山断面年实测径流量均大于三湖河口断面,十年间两断面年实测径流量的差值为43.98亿～65.07亿m³,平均为53.91亿m³,比石嘴山、三湖河口多年平均实测径流量差54.86亿m³少0.95亿m³,见表5-19、图5-34。

表5-19 1997～2006年石、三断面年实测径流量及区间年引水量、退水量统计

（单位:亿m³）

年份	石嘴山径流量	三湖河口径流量	石、三径流量差	区间引水量	区间退水量	区间净引水量
1997	162.90	102.50	60.40	58.14	7.15	50.99
1998	181.10	126.50	54.60	64.48	10.01	54.47
1999	227.81	176.20	51.61	66.12	9.03	57.09
2000	204.70	145.30	59.40	62.20	7.78	54.42
2001	181.02	118.58	62.44	59.41	8.01	51.40
2002	183.93	133.96	49.97	63.2	10.22	52.98
2003	172.49	126.96	45.53	51.22	8.57	42.65
2004	178.75	132.65	46.10	59.72	13.85	45.87
2005	223.28	158.21	65.07	62.00	10.27	51.73
2006	231.31	187.33	43.98	62.79	9.33	53.46
平均	194.73	140.82	53.91	60.93	9.42	51.51
占石嘴山径流量比例(%)	100	72	28	31	5	26

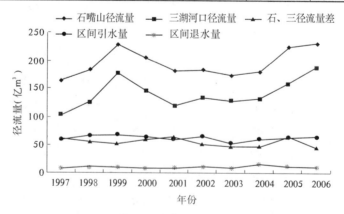

图5-34 1997～2006年石、三断面年实测径流量及区间引水量、退水量变化过程

1997～2006年,石—三河段年平均引黄水量为60.93亿m³,占同期上游石嘴山断面年平均来水量的31%;年平均退水量为9.42亿m³,占同期上游石嘴山断面年平均来水量的5%,占石—三河段年平均引黄水量的16%。

2）年内分配

由于受凌汛、槽蓄等影响,石嘴山断面3月平均实测径流量明显小于三湖河口断面,2月略小于三湖河口,其他月份均大于三湖河口;十年最大月平均实测径流量,石嘴山断面出现在10月,三湖河口断面出现在3月;最小月平均实测径流量,石嘴山断面出现在2月,三湖河口断面出现在6月。引水期为4～11月,最大引水量为15.48亿m³(10月),最小引水量为0.62亿m³(11月),除1月外各月均有退水,最大退水量为2.40亿m³(9月),最小退水量为0.01亿m³(2月)。1997～2006年,月平均引水量占石嘴山断面月平均来水的比例变化幅度很大,最大为65.6%(5月),最小为4.1%(11月),石—三河段月平均退水占上游石嘴山月平均来水的比例大部分在10%以下(个别月份大于10%),月引水量大小与占石嘴山断面的比例存在差异,说明引水与来水具有不同步性,见表5-20、图5-35。

表5-20　1997～2006年石、三断面月均实测径流量及区间引水量、退水量统计

项目	1月	2月	3月	4月	5月	6月	7月	8月	9月	10月	11月	12月
石嘴山径流量（亿m³）	12.46	11.71	12.08	13.30	16.72	14.03	16.76	18.03	23.48	25.42	15.19	15.55
三湖河口径流量（亿m³）	10.62	11.81	17.54	11.86	6.91	6.42	8.92	14.52	16.54	11.12	14.47	10.11
石、三径流量差（亿m³）	1.84	-0.10	-5.46	1.44	9.81	7.61	7.84	3.51	6.94	14.30	0.72	5.44
区间引水量（亿m³）	0	0	0	3.12	10.97	8.48	8.94	3.81	9.52	15.48	0.62	0
引水占石嘴山来水比例(%)	0	0	0	23.5	65.60	60.40	53.30	21.10	40.50	60.90	4.10	0
区间退水量（亿m³）	0	0.01	0.04	0.66	1.58	1.34	1.54	1.09	2.40	0.34	0.36	0.07
退水占石嘴山来水比例(%)	0	0.10	0.30	5.00	9.40	9.60	9.20	6.00	10.20	1.30	2.40	0.50
区间净引水量（亿m³）	0	-0.01	-0.04	2.46	9.39	7.14	7.40	2.72	7.12	15.14	0.26	-0.07

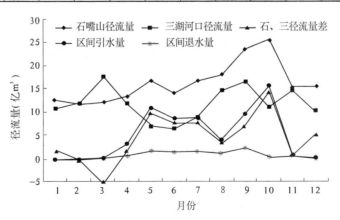

图5-35　1997～2006年石、三断面月均实测径流量及区间引水量、退水量年内分配

3) 汛期

1997～2006 年,石嘴山断面汛期实测径流量均大于三湖河口断面,两断面十年汛期实测径流量的差值比较稳定,为 28.28 亿～36.81 亿 m³,平均为 32.61 亿 m³,比石嘴山、三湖河口多年平均汛期实测径流量差(33.52 亿 m³)少 0.91 亿 m³,见表 5-21、图 5-36。

表 5-21 1997～2006 年石、三断面汛期实测径流量及区间汛期引水量、退水量统计

(单位:亿 m³)

年份	石嘴山径流量	三湖河口径流量	石、三径流量差	区间引水量	区间退水量	区间净引水量
1997	73.38	39.21	34.17	36.6	4.71	31.89
1998	72.98	40.87	32.11	40.9	4.75	36.15
1999	105.75	75.27	30.48	40.61	6.43	34.18
2000	81.29	44.48	36.81	37.1	4.25	32.85
2001	74.91	40.16	34.75	36.6	4.67	31.93
2002	70.98	37.73	33.25	38.42	4.47	33.95
2003	89.29	59.47	29.82	36.97	5.78	31.19
2004	70.04	39.23	30.81	36.55	7.34	29.21
2005	102.72	67.09	35.63	37.11	6.12	30.99
2006	95.66	67.38	28.28	36.53	5.25	31.28
平均	83.70	51.09	32.61	37.74	5.38	32.36
占石嘴山径流量比例(%)	100	61	39	45	6	30

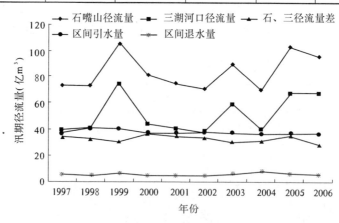

图 5-36 1997～2006 年石、三断面汛期实测径流量及区间引水量、退水量变化过程

石—三河段汛期平均引水量为 37.74 亿 m³,占石嘴山断面同期来水量的 45%;平均退水量为 5.38 亿 m³,占石嘴山断面同期来水量的 6%,占石—三河段汛期平均引黄水量的 14%。

5.2.2.2 输沙量

1)年际变化

1997～2006年,三湖河口断面年实测输沙量变化趋势与石嘴山断面基本一致,随石嘴山断面输沙量的增大而增加、减小而减少;除2006年外,石嘴山断面年实测输沙量均大于三湖河口断面,两断面十年年实测输沙量的差值变化很大,平均为2 519万t,比石嘴山、三湖河口多年平均实测输沙量差(1 920万t)多599万t,见表5-22、图5-37。

1997～2006年,石嘴山—三湖河口河段年平均引沙量为2 094万t,占石嘴山断面年平均来沙量的30%;年平均退沙量为301万t,占石嘴山断面年平均来沙量的4%,占石—三河段年平均引沙量的14%。

表5-22 1997～2006年石、三断面年实测输沙量及区间年引沙量、退沙量统计

(单位:万t)

年份	石嘴山 输沙量	三湖河口 输沙量	石、三输 沙量差	区间 引沙量	区间 退沙量
1997	8 937	2 789	6 148	1 820	268
1998	5 205	3 379	1 826	2 426	344
1999	11 712	8 163	3 549	3 491	473
2000	6 052	3 267	2 785	2 208	317
2001	5 759	3 100	2 659	1 414	215
2002	6 241	3 343	2 898	2 329	332
2003	7 099	3 815	3 284	2 606	366
2004	4 716	3 182	1 534	1 412	214
2005	6 621	6 042	579	1 792	264
2006	7 003	7 076	− 73	1 441	218
平均	6 935	4 416	2 519	2 094	301
占石嘴山输沙量(%)	100	64	36	30	4

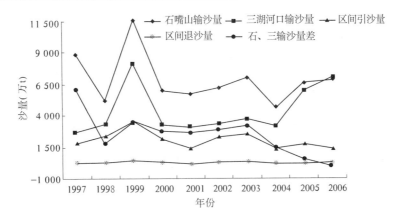

图5-37 1997～2006年石、三断面年实测输沙量及区间引沙量、退沙量变化过程

2)年内分配

从1997～2006年两断面的各月平均实测输沙量看,除3月、4月、11月的石嘴山断

面月平均输沙量小于三湖河口断面,其他月份均大于三湖河口断面,两断面月平均实测输沙量的最小值分别出现在1月和2月,分别为152万t和33万t,最大值均出现在8月,分别为1 231万t和835万t。1997～2006年,4～11月引水期间均有引沙,其中汛期引沙量较大,5～11月有退沙但量较小,无支流入沙,见表5-23、图5-38。

表5-23　1997～2006年石、三断面月均实测输沙量及引沙量、退沙量统计

项目	1月	2月	3月	4月	5月	6月	7月	8月	9月	10月	11月	12月
石嘴山输沙量(万t)	152	152	292	335	501	482	991	1 231	1 099	995	388	316
三湖河口输沙量(万t)	34	33	399	436	186	171	420	835	803	395	536	169
石、三输沙量差(万t)	118	119	-107	-101	315	311	571	396	296	600	-148	147
石—三河段引沙量(万t)	0	0	0	38	216	185	374	250	417	601	13	0
引沙占石嘴山来沙比例(%)	0	0	0	11.3	43.1	38.4	37.7	20.3	37.9	60.4	3.4	0
石—三河段退沙量(万t)	0	0	0	0	13	31	73	88	75	17	3	0
退沙占石嘴山来沙比例(%)	0	0	0	0	2.6	6.4	7.4	7.1	6.8	1.7	0.8	0

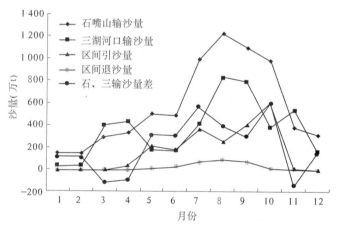

图5-38　1997～2006年石、三断面月均实测输沙量及区间引沙量、退沙量年内分配

石—三河段月平均引沙占上游石嘴山月平均来沙的比例变化幅度很大,最大高于60%(10月),最小低于5%(11月),石—三河段月平均退沙占上游石嘴山月平均来沙的比例都在10%以下。

3)汛期

1997～2006年汛期,三湖河口水文断面实测输沙量与石嘴山断面输沙量的变化趋势一致;两断面实测输沙量的差值比较稳定,为575万～3 776万t,平均为1 863万t,比石嘴山、三湖河口多年平均实测输沙量差(2 574万t)少了711万t,详见表5-24、图5-39。

表 5-24 1997～2006 年石、三断面汛期实测输沙量及区间汛期引沙量、退沙量统计

（单位：万 t）

年份	石嘴山输沙量	三湖河口输沙量	石、三输沙量差	区间引沙量	区间退沙量
1997	5 814	2 038	3 776	1 460	225
1998	2 315	1 229	1 086	1 591	290
1999	9 112	5 677	3 435	3 147	399
2000	3 206	1 775	1 431	1 687	267
2001	3 463	1 715	1 748	1 180	181
2002	3 421	1 355	2 066	1 504	280
2003	5 399	2 694	2 705	2 460	309
2004	2 314	1 176	1 138	991	180
2005	4 139	3 564	575	1 412	222
2006	3 979	3 312	667	989	184
平均	4 316	2 454	1 863	1 642	254
占石嘴山来沙量比例（%）	100	57	43	38	6

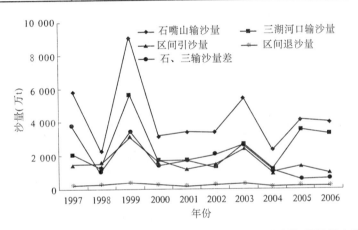

图 5-39 1997～2006 年石、三断面汛期实测输沙量及区间引沙量、退沙量变化过程

1997～2006 年，石—三河段汛期平均引沙量 1 642 万 t，占石嘴山同期来沙量的 38%；平均退沙量 254 万 t，占石嘴山同期来沙量的 6%，占石—三河段平均引沙量的 15%。

5.2.3 石嘴山—头道拐

5.2.3.1 径流量

1）年际变化

1997～2006 年，头道拐断面实测年径流量与石嘴山断面年径流量变化趋势基本一致。石嘴山断面年实测径流量均明显大于头道拐断面，两断面十年年实测径流量的差值都为 51.18 亿～73.03 亿 m³，平均为 62.96 亿 m³，比石嘴山、头道拐多年平均实测径流量差（59.72 亿 m³）多 3.24 亿 m³。1997～2006 年与多年平均相比，石嘴山、头道拐径流量

均明显减小，分别只有多年平均值的72%、62%，但两断面水量差为多年平均值的105%，引水量增大是造成上下断面径流差变大的主要原因，见表5-25、图5-40。

1997～2006年，石—头河段十年平均引黄水量为64.1亿m³，占同期石嘴山断面年平均来水量的33%；年平均退水量为9.42亿m³，占同期石嘴山断面年平均来水量的5%，占石—头河段年平均引水量的15%。支流（十大孔兑）加入量平均为0.89亿m³，占同期石嘴山断面来水量的比例不足1%。

表5-25　1997～2006年石、头断面年实测径流量及区间年引水量、退水量、支流加入量统计

（单位：亿m³）

年份	石嘴山径流量	头道拐径流量	石、头径流量差	区间支流加入	区间引水量	区间退水量	区间净引水量
1997	162.90	101.80	61.10	1.38	61.49	7.15	54.34
1998	181.10	117.10	64.00	1.92	67.17	10.01	57.16
1999	227.81	157.84	69.97	0.52	70.28	9.03	61.25
2000	204.70	140.20	64.50	0.46	66.21	7.78	58.43
2001	181.02	113.21	67.81	0.46	62.41	8.01	54.40
2002	183.93	122.75	61.18	0.17	66.51	10.22	56.29
2003	172.49	112.10	60.39	2.11	52.45	8.57	43.88
2004	178.75	127.57	51.18	0.54	61.62	13.85	47.77
2005	223.28	150.25	73.03	0.30	66.08	10.27	55.81
2006	231.31	174.9	56.41	1.04	66.79	9.33	57.46
平均	194.73	131.77	62.96	0.89	64.10	9.42	54.68
占石嘴山径流量比例(%)	100	68	32	0.5	33	5	28

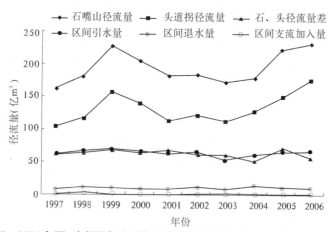

图5-40　1997～2006年石、头断面年实测径流量及区间引水量、退水量、支流加入量变化过程

2）年内分配

由于受凌汛、河道槽蓄等影响，1997～2006年石嘴山水文断面3月的平均实测径流量明显小于头道拐水文断面，4月几乎与头道拐相同，其他月份均大于头道拐；十年最大月平均实测径流量，石嘴山出现在10月，头道拐出现在3月；最小月平均实测径流量，石嘴山出现在2月，头道拐出现在6月。4～11月为石—头河段一年中的引水期，最大月

（10月）引水 16.55 亿 m³，最小月（11月）引水 1.19 亿 m³；除 1 月外各月均有退水，最大月（9月）退水 2.40 亿 m³，最小月（2月）退水 0.01 亿 m³；12 个月均有支流加入但量很小，见表 5-26、图 5-41。

表 5-26　1997～2006 年石、头断面月均实测径流量及区间引水量、退水量统计

项目	1 月	2 月	3 月	4 月	5 月	6 月	7 月	8 月	9 月	10 月	11 月	12 月
石嘴山径流量（亿 m³）	12.46	11.71	12.08	13.30	16.72	14.03	16.76	18.03	23.48	25.42	15.19	15.55
头道拐径流量（亿 m³）	8.58	10.18	21.62	13.28	5.77	5.61	7.75	13.75	16.11	9.52	11.05	8.54
石、头径流量差（亿 m³）	3.88	1.53	-9.54	0.02	10.95	8.42	9.01	4.28	7.37	15.9	4.14	7.01
区间引水量（亿 m³）	0	0	0.03	3.42	11.42	9.03	9.04	3.85	9.56	16.55	1.19	0
引水占石嘴山来水比例（%）	0	0	0.2	25.7	68.3	64.4	53.9	21.4	40.7	65.1	7.8	0
区间退水量（亿 m³）	0	0.01	0.04	0.66	1.58	1.34	1.54	1.09	2.40	0.34	0.36	0.07
退水占石嘴山来水比例（%）	0	0.1	0.3	5.0	9.4	9.6	9.2	6.0	10.2	1.3	2.4	0.5
支流加入量（亿 m³）	0.02	0.02	0.10	0.03	0.01	0.02	0.39	0.22	0.04	0.02	0.02	0.02
支流加入占石嘴山来水比例（%）	0.2	0.2	0.8	0.2	0.1	0.1	2.3	1.2	0.2	0.1	0.1	0.1
区间净引水量（亿 m³）	0	-0.01	-0.01	2.76	9.84	7.69	7.5	2.76	7.16	16.21	0.83	-0.07

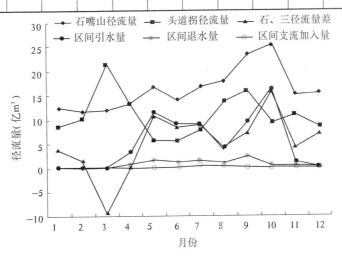

图 5-41　1997～2006 年石、头断面月均实测径流量及区间引水量、退水量年内分配

石—头河段月平均引水占上游石嘴山月平均来水的比例变化幅度很大，最大高于68.3%（5月），最小低于10%（11月），月平均退水占上游石嘴山月平均来水的比例大部分在 10% 以下（个别月份大于 10%）；月平均支流加入量占相应来水比例很小。

3）汛期

1997～2006 年汛期,除 2006 年外,头道拐与石嘴山两断面实测径流量的变化趋势相同,见图 5-42。两断面实测径流量差值为 29.56 亿～42.47 亿 m³,平均为 36.56 亿 m³,比石嘴山、头道拐多年平均汛期实测径流量差(35.03 亿 m³)多 1.53 亿 m³,详见表 5-27。

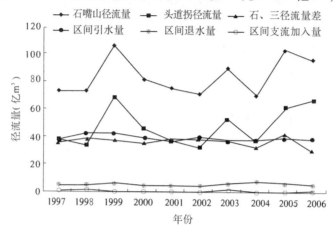

图 5-42　1997～2006 年石、头断面汛期实测径流量及区间引水量、退水量、支流加入量变化过程

表 5-27　1997～2006 年石、头断面汛期实测径流量及区间引水量、退水量统计

（单位:亿 m³）

年份	石嘴山径流量	头道拐径流量	石、头径流量差	区间支流加入量	区间引水量	区间退水量	区间净引水量
1997	73.38	37.93	35.45	1.09	37.86	4.71	33.15
1998	72.98	34.03	38.95	1.66	42.23	4.75	37.48
1999	105.75	68.20	37.55	0.28	42.63	6.43	36.20
2000	81.29	46.07	35.22	0.21	38.80	4.25	34.55
2001	74.91	36.42	38.49	0.23	36.62	4.67	31.95
2002	70.98	32.82	38.16	0.07	39.70	4.47	35.23
2003	89.29	52.18	37.11	1.82	37.40	5.78	31.62
2004	70.04	37.40	32.64	0.31	37.39	7.34	30.05
2005	102.72	60.25	42.47	0.11	39.29	6.12	33.17
2006	95.66	66.1	29.56	0.87	38.12	5.25	32.87
平均	83.7	47.14	36.56	0.66	39	5.38	33.62
占石嘴山径流量比例(%)	100	56	44	1	47	6	40

1997～2006 年汛期,石—头河段平均引水量为 39 亿 m³,占石嘴山断面汛期平均来水量的 47%;平均退水量为 5.38 亿 m³,占石嘴山断面汛期平均来水量的 6%,占石—头河段汛期平均引水量的 14%。支流汇入量平均为 0.66 亿 m³,占来水量的比例很小,约占 1%,见表 5-27。

5.2.3.2 输沙量

1)年际变化

1997～2006年,石嘴山断面年实测输沙量均明显大于头道拐断面,见图5-43。两断面十年年实测输沙量的差值为653万～7 405万t,平均为3 729万t,比石嘴山、头道拐多年平均实测输沙量差(1 859万t)多1 870万t,详见表5-28。

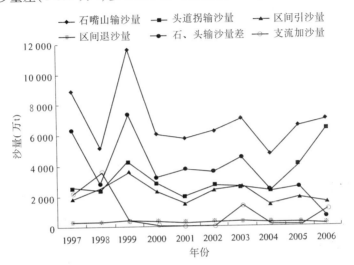

图5-43 1997～2006年石、头断面年实测输沙量及区间引沙、退沙过程

表5-28 1997～2006年石、头断面年实测输沙量及区间引沙量、退沙量统计

(单位:万t)

年份	石嘴山输沙量	头道拐输沙量	石、头输沙量差	区间支流加入量	区间引沙量	区间退沙量	河段冲淤量
1997	8 937	2 497	6 440	2 193	1 854	268	7 047
1998	5 205	2 375	2 830	3 623	2 487	344	4 310
1999	11 712	4 307	7 405	347	3 635	473	4 590
2000	6 052	2 840	3 212	144	2 294	317	1 379
2001	5 759	1 993	3 766	56	1 483	215	2 554
2002	6 241	2 681	3 560	43	2 414	332	1 521
2003	7 099	2 578	4 521	1 434	2 633	366	3 688
2004	4 716	2 389	2 327	125	1 452	214	1 214
2005	6 621	4 036	2 585	96	1 970	264	975
2006	7 003	6 350	653	1 168	1 567	218	472
平均	6 935	3 206	3 729	923	2 179	301	2 774
占石嘴山来沙量比例(%)	100	46	54	13	31	4	40

1997～2006年,石—头河段年均引沙量2 179万t,占石嘴山同期来沙量的31%;年均退沙量301万t,占石嘴山同期来沙量的4%;支流入沙量年均为923万t,占石嘴山同期来沙量的13%。从表5-28可以看出,该河段1997～2006年均有不同程度的淤积,平均淤积量为2 774万t。

2）年内分配

1997～2006 年,石嘴山水文断面 3 月、4 月的月平均输沙量小于头道拐断面,其他月均大于头道拐断面。十年中,两断面的月平均实测输沙量变化过程不同,月平均实测输沙量的最大值,头道拐断面出现在 3 月,石嘴山断面出现在 8 月,最小值均出现在 1 月。

从平均年内分配情况来看,石—头河段在 4～11 月引水期间均有引沙,其中汛期引沙量较大,5～11 月有退沙但量较小,支流加沙量集中在 7 月、8 月,其他月份很少,见表 5-29、图 5-44。

表 5-29 1997～2006 年石、头断面月均输沙量及河段月均引沙量、退沙量、支流加沙量统计

(单位:万 t)

项目	1 月	2 月	3 月	4 月	5 月	6 月	7 月	8 月	9 月	10 月	11 月	12 月
石嘴山输沙量	152	152	292	335	501	482	991	1 231	1 099	995	388	316
头道拐输沙量	30	37	680	338	95	117	288	574	604	197	197	49
石、头输沙量差	122	115	−388	−3	406	365	703	657	495	798	191	267
石—头河段引沙量	0	0	1	45	224	194	376	253	419	634	32	0
石—头河段退沙量	0	0	0	0	13	31	73	88	75	17	3	0
区间支流加沙量	0	0	6	1	0	7	594	304	11	0	0	0

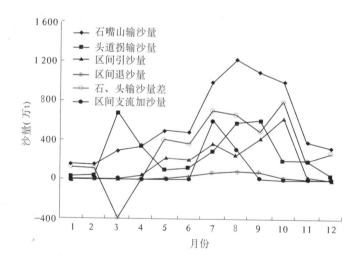

图 5-44 1997～2006 年石、头断面月均实测输沙量及河段月均引退沙、支流加沙年内分配

3）汛期

1997～2006 年,石嘴山断面汛期实测输沙量均明显大于头道拐断面(除 2001 年和 2006 年),两断面 7～10 月实测输沙量的变化趋势相同,头道拐断面随石嘴山断面输沙量的增大而增大、减小而减小,见图 5-45。十年平均汛期石嘴山断面实测输沙量 4 316 万 t,比头道拐断面(1 662 万 t)多 2 654 万 t;多年平均值石嘴山断面为 9 006 万 t,比头道拐断

面(7 870 万 t)多 1 136 万 t。与多年平均相比,1997~2006 年石嘴山来沙量偏小 4 690 万 t,而石、头两水文断面的差值却增大了 1 518 万 t,详见表 5-30。

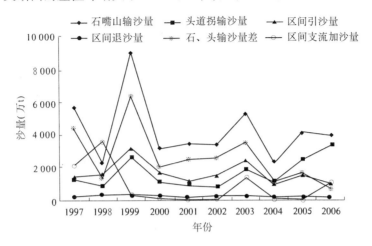

图 5-45　1997~2006 年石、头断面汛期实测输沙量及区间引沙量、退沙量、支流加沙量变化过程

表 5-30　1997~2006 年石、头断面汛期输沙量及河段汛期引沙量、退沙量、支流加沙量统计

（单位:万 t）

年份	石嘴山输沙量	头道拐输沙量	石、头输沙量差	区间支流加入量	区间引沙量	区间退沙量	河段冲淤量
1997	5 814	1 321	4 493	2 153	1 473	225	5 398
1998	2 315	906	1 409	3 609	1 616	290	3 692
1999	9 112	2 680	6 432	335	3 239	399	3 927
2000	3 206	1 160	2 046	131	1 737	267	707
2001	3 463	919	2 544	48	1 180	181	1 593
2002	3 421	791	2 630	24	1 538	280	1 396
2003	5 399	1 873	3 526	1 402	2 474	309	2 763
2004	2 314	1 123	1 191	122	1 005	180	488
2005	4 139	2 485	1 654	92	1 519	222	449
2006	3 979	3 366	613	1 166	1 046	184	917
平均	4 316	1 662	2 654	908	1 683	254	2 132
占石嘴山来沙量比例(%)	100	39	61	21	39	6	49

1997~2006 年,石—头河段汛期平均引沙量 1 683 万 t,占石嘴山来沙量的 39%,平均退沙量 254 万 t,占石嘴山来沙量的 6%;支流入沙量 908 万 t,占石嘴山来沙量的 21%。从表 5-30 可以看出,该河段 1997~2006 年均有不同程度的淤积,平均淤积量为 2 132 万 t。

5.2.4 三湖河口—头道拐

5.2.4.1 径流量

1)年际变化

1997~2006 年,三湖河口断面年实测径流量均大于头道拐断面,两断面的年实测径流量变化趋势一致,实测径流量断面差为 0.7 亿~18.36 亿 m³,十年平均实测径流量三湖河口断面为 140.82 亿 m³,比头道拐断面(132.17 亿 m³)多 8.65 亿 m³,多年平均值三湖河口断面为 217.19 亿 m³,比头道拐断面(212.33 亿 m³)多 4.86 亿 m³。近十年与多年平均相比,三湖河口断面、头道拐断面径流量均明显减小,分别只有多年平均值的 65%、62%,但两断面水量差比多年平均值多 3.79 亿 m³,见表 5-31、图 5-46。

表 5-31 1997~2006 年三、头断面年实测径流量及河段年引水量、支流加入量统计

(单位:亿 m³)

年份	三湖河口径流量	头道拐径流量	三、头径流量差	区间支流加入量	区间引水量
1997	102.50	101.80	0.70	1.38	3.35
1998	126.50	117.10	9.40	1.92	2.68
1999	176.20	157.84	18.36	0.52	4.16
2000	145.30	140.20	5.10	0.46	4.01
2001	118.58	113.21	5.37	0.46	3.00
2002	133.96	122.75	11.21	0.17	3.31
2003	126.96	112.10	14.86	2.11	1.23
2004	132.65	127.57	5.08	0.54	1.90
2005	158.21	150.25	7.96	0.30	4.08
2006	187.33	178.90	8.43	1.04	4.00
平均	140.82	132.17	8.65	0.89	3.17
占三湖河口径流量比例(%)	100	94	6	0.6	2

1997~2006 年,三—头河段平均引水量 3.17 亿 m³,占石嘴山断面同期来水量的 2%;支流(十大孔兑)加入量 0.89 亿 m³,占三湖河口断面同期水量的 0.6%。

2)年内分配

由于受凌汛、槽蓄等影响,1997~2006 年三湖河口断面 3 月、4 月的月平均实测径流量明显小于头道拐断面,其他月份均大于头道拐,但两断面年内各月平均实测径流量变化趋势相似,月平均实测径流量最大值均出现在 3 月,最小值均出现在 6 月。4~11 月为三—头河段的引水期,其他月份基本无引水,12 个月均有支流加入但量较小,见图 5-47。

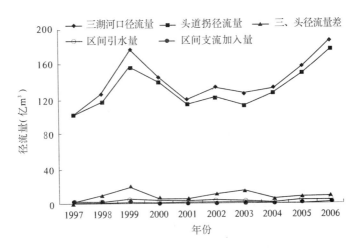

图 5-46　1997～2006 年三、头断面年实测径流量及区间年引水量、支流加入量变化过程

三—头河段月平均最大引水量 1.07 亿 m³（10 月），最小引水量 0.03 亿 m³（3 月）；支流最大加入量 0.39 亿 m³（7 月），最小加入量 0.01 亿 m³（5 月），详见表 5-32。

表 5-32　1997～2006 年三、头断面月均实测径流量、河段月均引水量、支流加入量统计

（单位：亿 m³）

项目	1 月	2 月	3 月	4 月	5 月	6 月	7 月	8 月	9 月	10 月	11 月	12 月
三湖河口径流量	10.62	11.81	17.54	11.86	6.91	6.42	8.92	14.52	16.54	11.12	14.47	10.11
头道拐径流量	8.59	10.20	21.62	13.28	5.78	5.60	7.78	13.73	16.09	9.50	11.09	8.91
三、头径流量差	2.03	1.61	-4.08	-1.42	1.13	0.82	1.14	0.79	0.45	1.62	3.38	1.20
三—头河段引水	0	0	0.03	0.30	0.45	0.55	0.10	0.04	0.05	1.07	0.57	0
区间支流加入量	0.02	0.02	0.10	0.03	0.01	0.02	0.39	0.22	0.04	0.02	0.02	0.02

3）汛期

1997～2006 年汛期，除 2000 年外，三湖河口断面实测径流量均大于头道拐断面且具有较为一致的变化趋势，十年平均实测径流量 51.09 亿 m³ 比头道拐断面（47.14 亿 m³）多 3.95 亿 m³；多年平均值三湖河口断面为 113.68 亿 m³，比头道拐断面（112.17 亿 m³）多 1.51 亿 m³。1997～2006 年与多年平均相比，三湖河口断面、头道拐断面径流量均明显减小，分别只有多年平均值的 45%、42%，但两断面水量差却比多年平均值多 2.44 亿 m³，见表 5-33、图 5-48。

1997～2006 年，三—头河段平均引水量 1.26 亿 m³，占三湖河口断面同期来水量的

2%;支流加入量 0.66 亿 m^3,占三湖河口断面同期来水量的 1%。

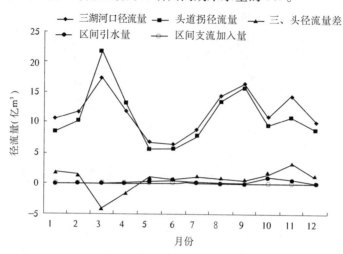

图 5-47 1997～2006 年三、头断面月均实测径流量及河段月均引水量、支流加入量年内分配

表 5-33 1997～2006 年三、头断面汛期实测径流量、河段汛期引水量、支流加入量统计

(单位:亿 m^3)

年份	三湖河口径流量	头道拐径流量	三、头径流量差	区间支流加入量	区间引水量
1997	39.21	37.93	1.28	1.09	1.26
1998	40.87	34.03	6.84	1.66	1.33
1999	75.27	68.20	7.07	0.28	2.02
2000	44.48	46.07	-1.59	0.21	1.70
2001	40.16	36.42	3.74	0.23	0.02
2002	37.73	32.82	4.91	0.07	1.27
2003	59.47	52.18	7.29	1.82	0.43
2004	39.23	37.40	1.83	0.31	0.83
2005	67.09	60.25	6.84	0.11	2.18
2006	67.38	66.10	1.28	0.87	1.59
平均	51.09	47.14	3.95	0.66	1.26
占三湖河口径流量比例(%)	100	92	8	1	2

5.2.4.2 输沙量

1)年际变化

1997～2006 年,三湖河口断面年实测输沙量均大于头道拐断面,两断面实测输沙量差值为 653 万～7 405 万 t,十年平均年实测输沙量三湖河口断面为 6 935 万 t,比头道拐

断面(3 205 万 t)多 3 730 万 t;多年平均值三湖河口断面为 10 085 万 t,比头道拐(10 146 万 t)少 61 万 t。与多年平均相比,三湖河口断面、头道拐断面年实测输沙量分别减少了 3 150 万 t 和 6 941 万 t,输沙量差比多年平均多 3 669 万 t,见表 5-34、图 5-49。

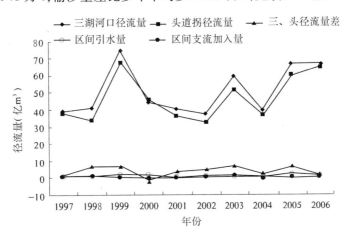

图 5-48　1997~2006 年三、头断面汛期实测径流量及河段汛期引水量、支流加入量变化过程

1997~2006 年,三—头河段十年平均引沙量 2 179 万 t,占三湖河口同期来沙量的 31%;十年平均支流入沙 923 万 t,占三湖河口断面同期来沙量的 13%。从表 5-34 可以看出,该河段 1997~2006 年均有不同程度的淤积,平均淤积量为 2 474 万 t。

表 5-34　1997~2006 年三、头断面年实测输沙量及河段年引沙量、支流加入量统计

（单位:万 t）

年份	三湖河口输沙量	头道拐输沙量	三、头输沙量差	区间支流加入量	区间引沙量	河段冲淤量
1997	8 937	2 497	6 440	2 193	1 854	6 779
1998	5 205	2 375	2 830	3 623	2 487	3 966
1999	11 712	4 307	7 405	347	3 635	4 117
2000	6 052	2 840	3 212	144	2 294	1 062
2001	5 759	1 993	3 766	56	1 483	2 339
2002	6 241	2 681	3 560	43	2 414	1 189
2003	7 099	2 578	4 521	1 434	2 633	3 322
2004	4 716	2 389	2 327	125	1 452	1 000
2005	6 621	4 036	2 585	96	1 970	711
2006	7 003	6 350	653	1 168	1 567	254
平均	6 935	3 205	3 730	923	2 179	2 474
占三湖河口来沙量比例(%)	100	46	54	13	31	36

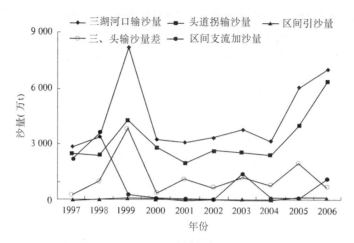

图 5-49　1997～2006 年三、头断面年实测输沙量及河段年引沙量、支流加入量变化过程

2）年内分配

1997～2006 年，三湖河口断面 2 月、3 月的月平均输沙量小于头道拐断面，其他月份均大于头道拐断面；两断面的月平均实测输沙量年内变化过程不大相同，月平均实测输沙量的最大值头道拐出现在 3 月，三湖河口出现在 8 月，但最小值均出现在 1 月和 2 月。

三—头河段在 4～11 月引水期间均有引沙，但引沙量不大，支流加沙量集中在 7 月、8月，其他月份较少，见表 5-35、图 5-50。

表 5-35　1997～2006 年三、头断面月均实测输沙量及河段月均引沙量、支流加沙量统计

（单位：万 t）

项目	1 月	2 月	3 月	4 月	5 月	6 月	7 月	8 月	9 月	10 月	11 月	12 月
三湖河口输沙量	34	33	399	436	186	171	420	835	803	395	536	169
头道拐输沙量	30	37	680	338	95	117	288	574	604	197	197	49
三、头输沙量差	4	-4	-281	98	91	54	132	261	199	198	339	120
三—头河段引沙量	0	0	1	7	8	9	2	3	2	33	19	0
区间支流加沙量	0	0	6	1	0	7	594	304	11	0	0	0

3）汛期

1997～2006 年汛期，除 2006 年外，三湖河口断面实测输沙量均大于头道拐断面，两断面的实测输沙量变化趋势相同。十年汛期平均实测输沙量三湖河口为 2 454 万 t，比头道拐（1 662 万 t）多 792 万 t；多年平均值三湖河口断面为 7 854 万 t，比头道拐（7 870 万 t）

少 16 万 t;与多年平均值相比,1997~2006 年三湖河口输沙量偏小 5 400 万 t,头道拐断面输沙量偏小 6 208 万 t,而两断面的差值却增加了 808 万 t,见表 5-36、图 5-51。

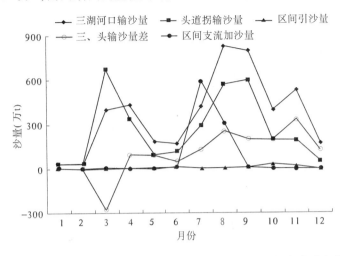

图 5-50　1997~2006 年三、头断面月均实测输沙量及河段月均引沙量、支流加入量年内分配

1997~2006 年,三—头河段汛期平均引沙量 41 万 t,占三湖河口断面同期来沙量的 2%;平均支流加沙量 908 万 t,占三湖河口断面同期来沙量的 37%。从表 5-36 可以看出,该河段 1997~2006 年汛期均有不同程度的淤积,平均淤积量为 1 659 万 t。

表 5-36　1997~2006 年三、头断面汛期实测输沙量及河段汛期引沙量、支流加入量统计

（单位:万 t）

年份	三湖河口输沙量	头道拐输沙量	三、头输沙量差	区间支流加沙量	区间引沙量	河段冲淤量
1997	2 038	1 321	717	2 153	13	2 857
1998	1 229	906	323	3 609	25	3 907
1999	5 677	2 680	2 997	335	92	3 240
2000	1 775	1 160	615	131	50	696
2001	1 715	919	796	48	0	844
2002	1 355	791	564	24	34	554
2003	2 694	1 873	821	1 402	14	2 209
2004	1 176	1 123	53	122	14	161
2005	3 564	2 485	1 079	92	107	1 064
2006	3 312	3 366	− 54	1 166	57	1 055
平均	2 454	1 662	792	908	41	1 659
占三湖河口来沙量比例（%）	100	68	32	37	2	68

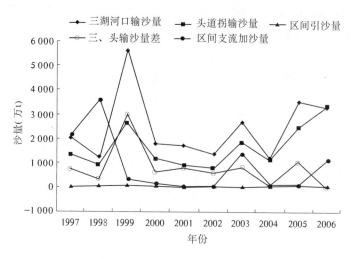

图 5-51　1997～2006 年三、头断面汛期实测输沙量及河段汛期引沙量、支流加沙量变化过程

5.2.5　下河沿—三湖河口

5.2.5.1　径流量

1）年际变化

1997～2006 年,三湖河口断面年均实测径流量(140.83 亿 m³)比下河沿断面(231.80 亿 m³)少 90.97 亿 m³。十年中,三湖河口断面的实测径流量均少于下河沿断面,其中 2005 年相差最多,为 112.66 亿 m³;2003 年相差最少,为 75.47 亿 m³。

1997～2006 年,下—三区间引水量为 105.25 亿～155.60 亿 m³,年均引水量 136.87 亿 m³,为下河沿断面径流量的 59.0%;年均退水量为 48.80 亿 m³,为下河沿断面径流量的 21.1%。区间净引水量(88.06 亿 m³)与下河沿和石嘴山两断面径流量差值比较接近。区间支流仅有下—石区间的清水河等河流,径流加入量较小(1.41 亿 m³),为下河沿断面径流量的 0.6%,见表 5-37。

表 5-37　1997～2006 年下河沿、三湖河口水文断面间水量变化情况　（单位:亿 m³）

年份	下河沿径流量	三湖河口径流量	下、三径流量差	区间支流加入量	区间引水量	区间退水量	区间净引水量
1997	195.21	102.51	92.70	1.41	145.97	54.11	91.86
1998	214.43	126.49	87.94	1.76	152.22	63.05	89.17
1999	268.84	176.20	92.64	1.86	155.60	58.41	97.19
2000	235.25	145.33	89.92	1.53	142.45	51.26	91.19
2001	216.01	118.70	97.31	1.53	139.39	48.41	90.98
2002	218.02	133.96	84.06	1.79	135.20	53.87	81.33
2003	202.43	126.96	75.47	1.34	105.25	34.30	70.95

年份	下河沿径流量	三湖河口径流量	下、三径流量差	区间支流加入量	区间引水量	区间退水量	区间净引水量
2004	220.08	132.65	87.43	1.00	127.07	44.72	82.35
2005	270.87	158.21	112.66	0.71	133.67	39.55	94.11
2006	276.85	187.33	89.52	1.17	131.83	40.36	91.48
平均	231.80	140.83	90.97	1.41	136.87	48.80	88.06
占下河沿径流量比例（%）				0.6	59.0	21.1	38.0

三湖河口断面实测径流量与下河沿断面的变化基本一致，随下河沿断面径流量的增减而增减，但其年际间的增减量又同时受区间引水的影响，与下河沿断面存在差异。如在引水量明显减少的 2003 年，其变化量明显小于下河沿断面。三湖河口与下河沿两断面径流量的差值与区间净引水量变化趋势一致且量值接近，见图 5-52。

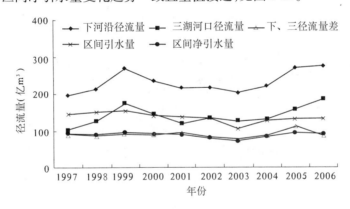

图 5-52　1997~2006 年下河沿、三湖河口水文断面实测径流量变化过程

2）年内分配

对比 1997~2006 年下河沿、三湖河口两断面月径流量，1 月、2 月比较接近，其他月份则相差都比较大；除 2 月、3 月外，其他月份三湖河口断面的径流量均明显小于下河沿断面，尤其是在区间引水量较大的 5 月、6 月、7 月和 10 月相差较多。各月上、下断面的径流量差值与区间净引水量在 4~11 月基本一致，受封河和凌汛期河道槽蓄量变化影响，1~3月和 12 月二者相差较多，见表 5-38、图 5-53。

区间引水在 3~11 月，月引水量为 0.05 亿~26.56 亿 m³，其中 5 月引水量最大，3 月引水量最小；区间各月退水量相差较多，月最大退水量为 8.33 亿 m³（7 月），月最小退水量为 0.56 亿 m³（2 月）；区间各月支流加入量较小，其中 8 月加入量最大，为 0.62 亿 m³，1月加入量最小，为 0.03 亿 m³。

从图 5-54 可以看出，下河沿断面来水相同条件下，受灌区引水影响，引水期石嘴山断面的月径流量明显小于不引水时的月径流量。

表 5-38 1997～2006 年下河沿—三湖河口水文断面间月水量情况 （单位:亿 m³）

项目	1 月	2 月	3 月	4 月	5 月	6 月	7 月	8 月	9 月	10 月	11 月	12 月
下河沿径流量	12.52	10.28	11.23	18.08	26.21	22.93	23.68	22.93	23.43	25.95	19.99	14.56
三湖河口径流量	10.62	11.81	17.54	11.86	6.91	6.42	8.92	14.52	16.54	11.12	14.47	10.11
下、三径流量差	1.90	−1.53	−6.31	6.22	19.30	16.51	14.76	8.41	6.89	14.83	5.52	4.45
区间支流加入量	0.03	0.04	0.04	0.04	0.04	0.06	0.35	0.62	0.07	0.05	0.04	0.04
区间引水量	0	0	0.05	8.96	26.56	22.90	22.88	14.97	12.48	17.69	10.38	0
区间退水量	0.63	0.56	0.76	2.22	8.00	7.77	8.33	7.30	5.44	1.68	4.99	1.12
区间净引水量	−0.63	−0.56	−0.71	6.74	18.56	15.13	14.55	7.67	7.04	16.01	5.39	−1.12

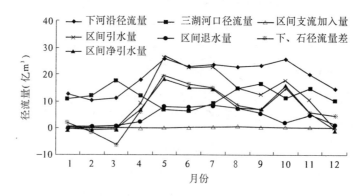

图 5-53 1997～2006 年下河沿—三湖河口水文断面间月水量变化过程

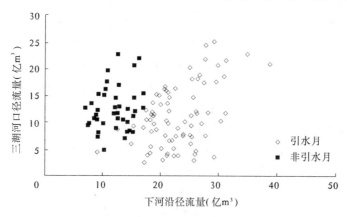

图 5-54 下河沿、三湖河口水文断面月径流量关系

3）汛期

1997～2006 年,三湖河口断面汛期平均径流量比下河沿断面减少 44.90 亿 m³。其中 2003 年相差最少,为 38.22 亿 m³,2005 年相差最多,为 53.58 亿 m³,见表5-39。

表5-39　1997～2006 年下河沿—三湖河口水文断面间汛期水量变化情况

(单位:亿 m³)

年份	下河沿径流量	三湖河口径流量	下、三径流量差	区间支流加入量	区间引水量	区间退水量	区间净引水量
1997	82.34	39.21	43.13	1.23	73.47	27.41	46.05
1998	84.53	40.87	43.66	1.53	77.78	28.88	48.90
1999	118.66	75.27	43.39	1.62	76.11	28.21	47.90
2000	90.77	44.48	46.29	1.33	69.11	23.51	45.60
2001	86.22	40.16	46.06	1.33	68.59	22.70	45.89
2002	86.99	37.73	49.26	1.56	70.10	23.39	46.72
2003	97.69	59.47	38.22	0.88	58.59	16.67	41.92
2004	83.44	39.23	44.21	0.52	61.14	20.05	41.09
2005	120.67	67.09	53.58	0.29	64.82	17.97	46.85
2006	108.59	67.38	41.21	0.64	60.40	18.68	41.73
平均	95.99	51.09	44.90	1.09	68.01	22.75	45.27
占下河沿径流量比例(%)				1.1	70.9	23.7	47.2

1997～2006 年,下—三区间汛期引水量为 58.59 亿～77.78 亿 m³,汛期平均引水量 68.01 亿 m³,占同期下河沿断面来水量的70.9%;汛期平均退水量22.75 亿 m³,占同期下河沿断面来水量的23.7%;汛期平均净引水量45.27 亿 m³,占同期下河沿断面来水量的 47.2%;汛期支流平均加入量1.09 亿 m³,仅为同期下河沿断面来水量的1.1%。

5.2.5.2　输沙量

1）年际变化

1997～2006 年,三湖河口水文断面平均实测输沙量为4 416 万 t,比下河沿断面少 1 453 万 t。十年中,除 2001 年和 2004～2006 年四年外,其他年份三湖河口断面的实测输沙量均比下河沿断面少,其中 1999 年比下河沿断面输沙量减少最多,为 6 538 万 t,见表5-40、图5-55。

下—三区间 1997～2006 年平均支流加沙量为4 331 万 t,平均引沙量为4 668 万 t,二者均与下河沿输沙量比较接近,分别是下河沿断面输沙量的 73.8%、79.6%,而区间退沙量却相对较少,仅为 772 万 t,还不到下河沿断面输沙量的 14%。

分析下—三区间的沙量变化可以看出,1997～2006 年下—三河段一直处于淤积状态,年均淤沙 3 897 万 t。

表 5-40 1997~2006 年下河沿—三湖河口水文断面间沙量统计 (单位:万 t)

年份	下河沿 输沙量	三湖河口 输沙量	下、三输 沙量差	区间 支流加沙量	区间 引沙量	区间 退沙量	河道 冲淤量
1997	6 806	2 789	4 017	5 861	5 956	885	5 071
1998	5 353	3 379	1 974	2 666	5 634	874	4 760
1999	14 701	8 163	6 538	6 453	8 975	1 217	7 758
2000	5 376	3 267	2 109	5 287	4 916	800	4 116
2001	2 762	3 100	−338	4 685	2 730	567	2 163
2002	4 980	3 343	1 637	6 701	4 623	776	3 847
2003	5 354	3 815	1 539	2 984	4 138	739	3 399
2004	2 234	3 182	−948	2 977	2 725	566	2 159
2005	5 442	6 042	−600	2 086	3 717	674	3 044
2006	5 676	7 076	−1 400	3 607	3 267	618	2 649
平均	5 868	4 416	1 453	4 331	4 668	772	3 897
占下河沿来 沙量比例 (%)				73.8	79.6	13.2	66.4

注:表中河道冲淤量,正值为淤积,负值为冲刷。

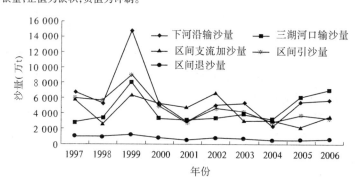

图 5-55 1997~2006 年下河沿—三湖河口水文断面间沙量变化过程

2)年内分配

对比年内各月输沙量的变化情况,1 月、2 月和 10 月三湖河口和下河沿两断面输沙量比较接近,其他月份相差较多;当下河沿断面输沙量小于 500 万 t 时,三湖河口断面除 5 月的输沙量比下河沿断面少外,其他月份均多于下河沿断面,但在下河沿断面输沙量较多的 7 月、8 月,三湖河口断面的输沙量均少于下河沿断面。区间引沙和退沙主要在 4~11 月,期间月最大引沙为 1 351 万 t(7 月),最少引沙量为 60 万 t(11 月);月最大退沙量为 190 万 t(8 月),最少退沙量为 7 万 t(4 月)。区间支流泥沙加入主要在 3~11 月,加沙量为 8 万 ~ 1 594 万 t,其中 8 月最大,11 月最小,见表 5-41、图 5-56。

表 5-41　1997 ~ 2006 年下河沿—三湖河口水文断面间月沙量情况　（单位:万 t）

项目	1 月	2 月	3 月	4 月	5 月	6 月	7 月	8 月	9 月	10 月	11 月	12 月
下河沿 输沙量	12	11	15	63	464	682	1 831	1 877	498	326	68	22
三湖河口 输沙量	34	33	399	436	186	171	420	835	803	395	536	169
下、三输 沙量差	-22	-22	-384	-373	278	511	1 411	1 042	-305	-69	-468	-147
区间支流 加沙量	0	0	9	22	249	459	1 226	1 594	684	80	8	0
区间引沙量	0	0	0	64	464	539	1 351	1 082	494	614	60	0
区间退沙量	0	0	0	7	120	124	179	190	109	19	25	0
区间净 引沙量	0	0	0	57	344	415	1 172	892	385	595	35	0

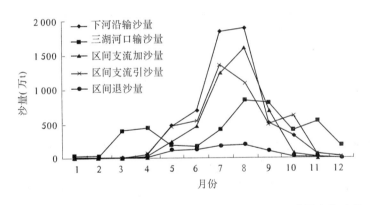

图 5-56　1997 ~ 2006 年下河沿—三湖河口水文断面间月沙量变化过程

3）汛期

1997 ~ 2006 年,三湖河口断面汛期的实测输沙量均小于下河沿断面,年均比下河沿断面少 2 078 万 t,最多相差 7 792 万 t(1999 年),最少相差 214 万 t(2005 年);汛期区间引沙量为 2 013 万 ~ 7 730 万 t,平均为 3 541 万 t,为下河沿断面来沙量的 78.1%;退沙量为 396 万 ~ 857 万 t,平均为 544 万 t,仅为下河沿断面来沙量的 12.0%;支流加沙量为 1 746 万 ~ 5 608 万 t,平均为 3 583 万 t,为下河沿来沙量的 79.1%。十年中,下—三河段汛期一直为淤积状态,十年平均淤积泥沙 2 997 万 t,淤积量为下河沿断面同期来沙量的 66.1%,见表 5-42。

表 5-42 1997～2006 年下河沿、三湖河口水文断面间汛期沙量统计 （单位：万 t）

年份	下河沿输沙量	三湖河口输沙量	下、三输沙量差	区间支流加沙量	区间引沙量	区间退沙量	河道冲淤量
1997	6 055	2 038	4 017	4 743	5 003	586	4 417
1998	3 388	1 229	2 159	2 138	3 535	618	2 917
1999	13 469	5 677	7 792	5 275	7 730	857	6 872
2000	2 806	1 775	1 031	4 386	3 343	566	2 776
2001	2 307	1 715	592	3 921	2 285	396	1 889
2002	3 012	1 355	1 657	5 608	3 003	561	2 441
2003	4 442	2 694	1 748	2 498	3 635	559	3 077
2004	1 940	1 176	764	2 492	2 013	396	1 616
2005	3 778	3 564	214	1 746	2 593	475	2 117
2006	4 121	3 312	809	3 019	2 268	425	1 844
平均	4 532	2 454	2 078	3 583	3 541	544	2 997
占下河沿来沙量比例（%）				79.1	78.1	12.0	66.1

注：表中河道冲淤量，正值为淤积，负值为冲刷。

5.2.6 下河沿—头道拐

5.2.6.1 径流量

1）年际变化

1997～2006 年，头道拐断面十年平均实测径流量为 131.77 亿 m³，比下河沿断面径流量（231.80 亿 m³）减少 100.03 亿 m³，其中汛期平均减少 48.85 亿 m³。十年中，头道拐断面比下河沿断面年实测径流量减少均在 90 亿 m³ 以上，最多的减少了 120.62 亿 m³（2005年）；汛期比下河沿断面减少 42.49 亿～60.42 亿 m³。

1997～2006 年，下—头区间灌区引水量为 106.48 亿～159.76 亿 m³，平均引水量为140.04 亿 m³，占下河沿来水量的 60.4%；平均退水量为 48.80 亿 m³，占下河沿径流量的21.1%；区间平均净引水为 91.23 亿 m³，占下河沿来水量的 39.4%。区间支流加入量较小，最大为 3.68 亿 m³，平均为 2.30 亿 m³，仅为下河沿径流量的 1.0%，详见表 5-43。

1997～2006 年，头道拐断面的径流量基本随下河沿径流的增减而增减，二者的径流差受区间灌区引水影响，其差值与区间灌区的净引水量基本一致，见图 5-57。

2）年内分配

从下河沿、头道拐两断面实测径流量各月分配情况看，头道拐断面除 3 月的径流量大于下河沿断面外，其他各月均小于下河沿断面，其中在区间引水量较大的 5～7 月和 10 月减少较多,均减少 15 亿 m³ 以上,减少最多的是 5 月,达 20.44 亿 m³,见表 5-44、图 5-58。

表 5-43 1997～2006 年下河沿、头道拐水文断面间水量变化情况 （单位:亿 m³）

年份	下河沿径流量	头道拐径流量	下、头径流量差	区间支流加入量	区间引水量	区间退水量	区间净引水量
1997	195.21	101.78	93.43	2.79	149.32	54.11	95.21
1998	214.43	117.08	97.35	3.68	154.90	63.05	91.85
1999	268.84	157.84	111.00	2.37	159.76	58.41	101.35
2000	235.25	140.21	95.04	1.99	146.46	51.26	95.20
2001	216.01	113.27	102.74	1.99	142.39	48.41	93.98
2002	218.02	122.75	95.27	1.96	138.51	53.87	84.64
2003	202.43	112.10	90.33	3.45	106.48	34.30	72.18
2004	220.08	127.57	92.51	1.53	128.97	44.72	84.26
2005	270.87	150.25	120.62	1.01	137.75	39.55	98.19
2006	276.85	174.85	102.00	2.21	135.83	40.36	95.48
平均	231.80	131.77	100.03	2.30	140.04	48.80	91.23
占下河沿径流量比例（%）				1.0	60.4	21.1	39.4

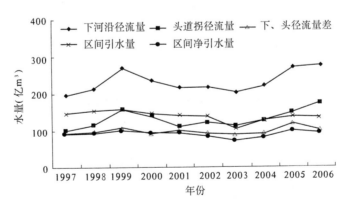

图 5-57 1997～2006 年下河沿—头道拐水文断面实测径流量及引水量变化过程

区间引水期为 3～11 月,月最大引水量为 27.02 亿 m³(5 月),最小引水量为 0.08 亿 m³(3 月);各月均有退水,但月退水量较小,最大月退水量为 8.33 亿 m³(7 月);区间支流各月加入量均较小,最大的加入量仅 0.84 亿 m³(8 月)。

从图 5-59 可以看出,与下—石、下—三断面间一样,受灌区引水影响,在下河沿断面同样的来水条件下,头道拐断面引水期的径流量明显小于不引水时的径流量。

表5-44   1997～2006年下河沿—头道拐水文断面间月水量情况   （单位:亿m³）

项目	1月	2月	3月	4月	5月	6月	7月	8月	9月	10月	11月	12月
下河沿径流量	12.52	10.28	11.23	18.08	26.21	22.93	23.68	22.93	23.43	25.95	19.99	14.56
头道拐径流量	8.58	10.18	21.62	13.28	5.77	5.61	7.75	13.75	16.11	9.52	11.05	8.54
下、头流量差	3.94	0.10	-10.39	4.80	20.44	17.32	15.93	9.18	7.32	16.43	8.94	6.02
区间支流加入量	0.05	0.06	0.14	0.06	0.05	0.08	0.74	0.84	0.11	0.07	0.05	0.06
区间引水量	0	0	0.08	9.25	27.02	23.46	22.98	15.01	12.53	18.76	10.95	0
区间退水量	0.63	0.56	0.76	2.22	8.00	7.77	8.33	7.30	5.44	1.68	4.99	1.12
区间净引水量	-0.63	-0.56	-0.68	7.03	19.02	15.69	14.65	7.71	7.09	17.08	5.96	-1.12

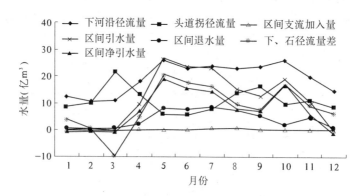

图5-58   1997～2006年下河沿—头道拐水文断面间月水量变化过程

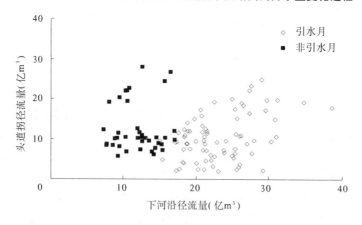

图5-59   下河沿、头道拐水文断面月径流量相关关系

3)汛期

1997～2006年,头道拐断面汛期平均径流量比下河沿断面减少48.85亿 m³。其中2006年相差最少,为42.49亿 m³;2005年相差最多,为60.42亿 m³。下—头区间汛期引水量为59.03亿～79.12亿 m³,汛期平均引水69.28亿 m³,占同期下河沿断面来水量的72.2%;汛期平均退水22.75亿 m³,占同期下河沿断面来水量的23.7%;汛期平均净引水46.53亿 m³,占同期下河沿断面来水量的48.5%;汛期支流平均加入量为1.75亿 m³,仅为同期下河沿断面来水量的1.8%,见表5-45。

表5-45　1997～2006年下河沿—头道拐水文断面间汛期水量变化情况

(单位:亿 m³)

年份	下河沿径流量	头道拐径流量	下、头径流量差	区间支流加入量	区间引水量	区间退水量	区间净引水量
1997	82.34	37.93	44.41	2.31	74.73	27.41	47.31
1998	84.53	34.03	50.50	3.19	79.12	28.88	50.23
1999	118.66	68.20	50.46	1.89	78.13	28.21	49.92
2000	90.77	46.07	44.70	1.54	70.81	23.51	47.30
2001	86.22	36.42	49.80	1.55	68.61	22.70	45.91
2002	86.99	32.82	54.17	1.62	71.38	23.39	47.99
2003	97.69	52.18	45.51	2.69	59.03	16.67	42.35
2004	83.44	37.40	46.04	0.83	61.98	20.05	41.93
2005	120.67	60.25	60.42	0.39	67.00	17.97	49.03
2006	108.59	66.10	42.49	1.51	62.00	18.68	43.32
平均	95.99	47.14	48.85	1.75	69.28	22.75	46.53
占下河沿径流量比例(%)				1.8	72.2	23.7	48.5

5.2.6.2　输沙量

1)年际变化

1997～2006年,头道拐水文断面十年平均实测输沙量为3 205万 t,比下河沿断面少2 664万 t。十年中,头道拐断面的实测输沙量除2004年和2006年多于下河沿断面外,其他年份均小于下河沿断面,其中1999年比下河沿断面输沙量减少最多,为10 394万 t,当年头道拐断面的实测输沙量仅为下河沿断面的29.3%。

十年中,下—头区间引沙量平均为4 753万 t,支流加沙量为5 253万 t,二者均接近下河沿输沙量,分别是头道拐断面实测输沙量的81.0%、89.5%,而区间的退沙量却相对较少,平均为772万 t,仅为下河沿输沙量的13.2%,见表5-46。

从下—头河段的泥沙平衡结果看,1997～2006年中该河段均为淤积,年均淤积量为

3 982万t,其中1999年淤积量最多,为7 902万t;2004年淤积量最少,为2 199万t。

表5-46   1997～2006年下河沿—头道拐水文断面间沙量变化情况   (单位:万t)

年份	下河沿输沙量	头道拐输沙量	下、头输沙量差	区间支流加沙量	区间引沙量	区间退沙量	河道冲淤量
1997	6 806	2 497	4 309	8 054	5 990	885	5 105
1998	5 353	2 375	2 978	6 289	5 695	874	4 821
1999	14 701	4 307	10 394	6 800	9 119	1 217	7 902
2000	5 376	2 840	2 536	5 431	5 002	800	4 202
2001	2 762	1 993	769	4 741	2 799	567	2 232
2002	4 980	2 681	2 299	6 743	4 708	776	3 932
2003	5 354	2 578	2 776	4 418	4 165	739	3 426
2004	2 234	2 389	− 155	3 102	2 765	566	2 199
2005	5 442	4 036	1 406	2 182	3 896	674	3 222
2006	5 676	6 350	− 674	4 774	3 393	618	2 775
平均	5 868	3 205	2 664	5 253	4 753	772	3 982
占下河沿来沙量比例(%)				89.5	81.0	13.2	67.9

注:表中河道冲淤量,正值为淤积,负值为冲刷。

十年中,头道拐断面的实测输沙量与下河沿断面的变化基本一致,头道拐断面的输沙量随下河沿断面的增多而增多、减少而减少,见图5-60。

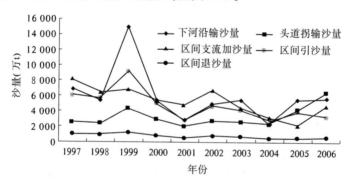

图5-60   1997～2006年下河沿、头道拐水文断面实测输沙量变化过程

2)年内分配

头道拐断面年内各月实测输沙量与下河沿断面相比,除1月、2月和12月比较接近外,其他月份两断面实测输沙量相差较大,尤其是区间引沙和支流来沙量较大的7月输沙量相差最多,头道拐断面比下河沿断面少输沙1 543万t;5～8月和10月5个月头道拐

断面均比下河沿断面输沙量少,少 129 万 ~1 543 万 t;其他月虽大于下河沿断面,但除 3 月、4 月的输沙量比下河沿断面大的较多外,其他月比下河沿多输沙量均不超过 130 万 t,见表 5-47、图 5-61。

表 5-47 1997 ~2006 年下河沿—头道拐水文断面间月沙量情况 （单位:万 t）

项目	1 月	2 月	3 月	4 月	5 月	6 月	7 月	8 月	9 月	10 月	11 月	12 月
下河沿输沙量	12	11	15	63	464	682	1 831	1 877	498	326	68	22
头道拐输沙量	30	37	680	338	95	117	288	574	604	197	197	49
下、头输沙量差	-18	-26	-665	-275	369	565	1 543	1 303	-106	129	-129	-27
区间支流加沙量	0	1	15	23	250	466	1 819	1 898	694	80	8	0
区间引沙量	0	0	1	72	472	548	1 354	1 085	496	646	79	0
区间退沙量	0	0	0	7	120	124	179	190	109	19	25	0
区间净引沙量	0	0	1	65	352	424	1 175	895	387	627	54	0

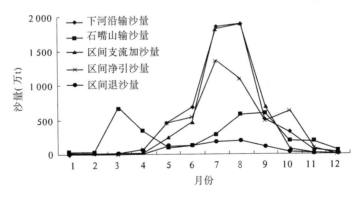

图 5-61 1997 ~2006 年下河沿—头道拐水文断面间月沙量变化过程

区间引沙主要在 3 ~11 月,其中 7 月引沙量最多,为 1 354 万 t,3 月引沙量最少,为 1 万 t;区间各月退沙量较小,主要在 4 ~11 月,月最大退沙量为 190 万 t(8 月);区间支流加沙主要在 2 ~11 月,其中最大加沙量为 1 898 万 t(8 月),最小加沙量为 1 万 t(2 月)。

3)汛期

1997 ~2006 年,头道拐断面汛期的实测输沙量均少于下河沿断面,平均减少 2 869 万 t,其中 1999 年减少最多,为 10 789 万 t;2006 年减少最少,为 755 万 t。汛期区间平均引沙量为 3 581 万 t,最多的 1999 年汛期引沙量 7 821 万 t,最少的 2004 年引沙量 2 027 万 t;退沙量则较少,平均为544万t,最多的为857万t(1999年);区间支流汛期加沙量为4 491万t,与下河沿断面同期来沙量接近,多于区间的同期引沙量,其中1997年加沙量最多,为6 896万t,2005年加沙量最少,为1 838万t。总的来说,1997~2006年下—头河段汛期一直为淤积,年均淤积泥沙3 037万t,占下河沿断面同期来沙量的67.0%,见表5-48。

表5-48　1997~2006年下河沿—头道拐水文断面间汛期沙量统计　(单位:万t)

年份	下河沿输沙量	头道拐输沙量	下、头输沙量差	区间支流加沙量	区间引沙量	区间退沙量	河道冲淤量
1997	6 055	1 321	4 734	6 896	5 015	586	4 429
1998	3 388	906	2 482	5 747	3 560	618	2 942
1999	13 469	2 680	10 789	5 611	7 821	857	6 964
2000	2 806	1 160	1 646	4 517	3 393	566	2 827
2001	2 307	919	1 388	3 969	2 286	396	1 889
2002	3 012	791	2 221	5 632	3 037	561	2 475
2003	4 442	1 873	2 569	3 900	3 649	559	3 090
2004	1 940	1 123	817	2 614	2 027	396	1 631
2005	3 778	2 485	1 293	1 838	2 700	475	2 225
2006	4 121	3 366	755	4 185	2 325	425	1 900
平均	4 532	1 662	2 869	4 491	3 581	544	3 037
占下河沿来沙量比例(%)				99.1	79.0	12.0	67.0

注:表中河道冲淤量,正值为淤积,负值为冲刷。

第6章 灌区引水对径流泥沙影响的分析方法

根据宁蒙河段各区间下断面径流输沙量主要受上断面来水来沙量、区间引水引沙量、支流来水来沙量等因素影响的物理机制,分别采用上下断面关系法、水沙数学模型分析法分析灌区引水引沙对河道径流输沙的影响。其中,上下断面关系法又分为月径流量关系法、引水分级径流量关系法、多元回归分析法、断面径流量差法、输沙关系法和水沙关系法。

鉴于青铜峡水利枢纽1972年以后采用蓄清排浑的运用方式,对黄河水沙的调节作用大幅度减小,因此采用1972年以后的资料系列进行分析。宁蒙灌区引水主要在4~11月,12月至翌年3月引水很少甚至不引水,因此以4~11月作为分析时段。

6.1 上下断面关系法

6.1.1 灌区引水对河道径流影响

对于宁蒙河段来说,河道下断面的实测径流量受上断面来水量、区间支流加入量、引水量、退水量、蒸发渗漏量等因素的影响。下断面径流量与影响因素的关系可以用式(6-1)来表示,即

$$W_{下} = f(W_{上}, W_{支}, W_{损}, W_{引}, W_{退}) \tag{6-1}$$

式中:$W_{下}$ 为下断面径流量;$W_{上}$ 为上断面来水量;$W_{支}$ 为区间支流加入量;$W_{损}$ 为河道蒸发渗漏量;$W_{引}$ 为区间灌区引水量;$W_{退}$ 为退水量。

在自然状态下,河道下断面径流量的变化则主要受上断面来水量 $W_{上}$、区间支流加入量 $W_{支}$ 和河道蒸发渗漏量 $W_{损}$ 等因素影响,下断面径流量 $W_{下0}$ 与影响因素的关系可以用式(6-2)来表示,即

$$W_{下0} = f(W_{上}, W_{支}, W_{损}) \tag{6-2}$$

采用受人类活动影响和没有人类活动干预条件下的水文资料,可分别建立受干扰前后上下断面间的径流量关系,对比人类活动影响前后的关系变化,就可以定量分析人类活动对下断面径流变化的影响程度。具体而言,就是采用受引水影响和不受引水影响情况下的水文资料,分别建立引水前后径流量关系曲线,根据此关系曲线,对比引水前后二者的径流量,分析引水对径流变化产生的影响。不受引水影响的上下断面径流量关系曲线称为基线。

本书分别采用上下断面径流量关系法、多元回归分析法和上下断面径流量差法对引水对下游河道径流量变化的影响进行分析。

6.1.1.1 基线的确定

基线是指上下断面间没有任何引水活动干扰的关系曲线,但由于宁蒙灌区已有2 000

多年的引水历史,因此完全没有引水影响的资料相对较少,同时考虑到河道径流的变化也受到河道自身损耗、槽蓄变化和水文测验精度的影响等,认为引水量较少,不足以改变河道径流自然变化过程时即可满足要求。

从宁蒙灌区引水期历年各月引水情况看,月引水量变化较大,月最大引水量可达33.24亿 m³,但部分月份引水量却很小甚至个别月、时段不引水。

根据目前的水文测验规范,断面流量单次测验总随机不确定度为不超过 ±5%(一类站),可认为上下断面水量在10%之内的变化就不会改变上下断面间的径流变化过程,即上下断面的引水不超过来水的10%就可认为引水影响很小,可视为不受引水影响。按照此原则,考虑到宁蒙河段各水文断面来水和断面间的引水情况,制定以下选取标准:下—石河段,区间月引水量小于 3 亿 m³ 且引水占下河沿断面来水比例小于3%;石—三河段和石—头河段区间月引水量小于 3 亿 m³ 且引水占石嘴山断面来水比例小于5%;下—三、下—头河段区间月引水量小于 3 亿 m³ 且引水占下河沿断面来水比例小于10%。

通过对1972~2006 年系列实测径流资料统计分析,宁蒙各河段的基线系列样本涉及4 月、8 月、10 月和11 月 4 个月份,其中下—石区间以 10 月为主,占80%;石—头区间以 4 月、11 月为主,4 月最多,占60%以上;下—头区间以 4 月为主,占90%以上。各河段基线样本容量及各月分布情况见表6-1。

表 6-1　基线样本容量及各月分布情况

区间	4 月	5 月	6 月	7 月	8 月	9 月	10 月	11 月	合计
下—石	2						8		10
石—三	22				1		1	19	43
石—头	13				1			7	21
下—三	9							1	10
下—头	6							1	7

利用宁蒙河段符合基线条件的上下断面实测径流量资料,点绘不同河段上下断面之间的径流关系(见图 6-1 ~ 图 6-5),拟合二者之间的关系曲线,得出不同河段上下断面之间的基线关系式,见式(6-3) ~ 式(6-7)。

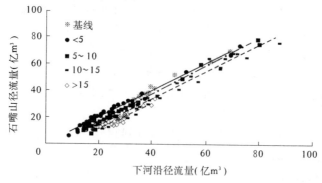

图6-1　宁蒙下河沿—石嘴山河段不同引水量级上下断面径流量关系

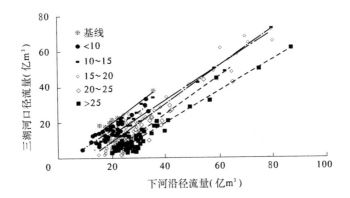

图6-2　宁蒙下河沿—三湖河口河段不同引水量级上下断面径流量关系

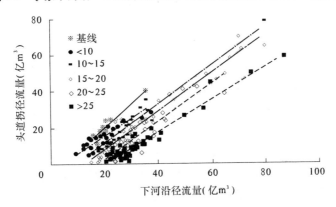

图6-3　宁蒙下河沿—头道拐河段不同引水量级上下断面径流量关系

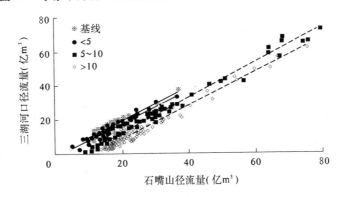

图6-4　宁蒙石嘴山—三湖河口河段不同引水量级上下断面径流量关系

下—石河段

$$W_石 = 1.0148W_下 + 0.2368 \qquad R = 0.9949 \qquad (6\text{-}3)$$

下—三河段

$$W_三 = 1.0984W_下 - 2.0282 \qquad R = 0.9785 \qquad (6\text{-}4)$$

下—头河段

$$W_头 = 1.3467W_下 - 8.084 \qquad R = 0.9889 \qquad (6\text{-}5)$$

石—三河段

$$W_三 = 1.006\,4W_石 - 0.608\,9 \qquad R = 0.968\,7 \qquad (6\text{-}6)$$

石—头河段

$$W_头 = 1.013\,8W_石 - 1.135\,9 \qquad R = 0.975\,8 \qquad (6\text{-}7)$$

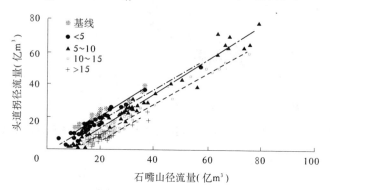

图 6-5　宁蒙石嘴山—头道拐河段不同引水量级上下断面径流量关系

6.1.1.2　上下断面径流量关系法

一般情况下,河道上下断面的径流量存在着较好的对应关系。从宁蒙河段各断面间情况看,相对于上断面来水量、区间引水量而言,区间的支流加入量、蒸发渗漏量等相对较小,因此下断面实测径流量的变化主要受上断面来水量、区间引水量的影响。上下断面径流量关系法就是利用受引水影响和不受引水影响的上下断面径流量关系,对比引水前后二者的径流量,分析引水对径流变化产生的影响。

考虑到不同引水参数和时段的差异影响,以引水量、月为参数,分别点绘、分析两种关系曲线,分析不同引水产生的径流影响。

其一,按引水量分级,根据月引水情况,将月引水按引水量 5 亿 m³ 以下、5 亿~10 亿 m³、10 亿~15 亿 m³、15 亿~20 亿 m³、20 亿~25 亿 m³、25 亿 m³ 以上分成 6 个级别,建立不同河段引水期内各月包含该级别引水的上下断面径流量关系;其二,引水量不分级,按月建立不同河段的上下断面径流量关系。

根据 1972~2006 年宁蒙各河段引水、径流资料,不同引水量级系列样本容量及各月分布情况见表 6-2。

从表 6-2 中可以看出:

下—石河段:样本容量共 266 个,其中月引水量小于 5 亿 m³ 的样本容量有 72 个,主要分布在 4 月、9 月和 10 月三个月份;月引水量为 5 亿~10 亿 m³ 的样本容量有 56 个,分布在除 10 月外的其他各月,但以 4 月、9 月和 11 月为主;月引水量为 10 亿~15 亿 m³ 的样本容量有 104 个,主要分布在 5~8 月和 11 月;月引水量大于 15 亿 m³ 的样本容量有 34 个,主要分布在 5~7 月。

石—头河段:样本容量共 235 个,其中月引水量小于 5 亿 m³ 的样本容量有 52 个,分布在除 5 月、7 月外的其他月份;月引水量在 5 亿~10 亿 m³ 的样本容量有 84 个,各月均有涉及,但以 5~9 月为主;月引水量在 10 亿~15 亿 m³ 的样本容量有 80 个,除 4 月、11 月外,其他各月皆有分布;月引水量大于 15 亿 m³ 的样本容量有 19 个,仅分布在 10 月。

表6-2　不同引水量级系列样本容量及各月分布情况　　　　（单位:亿 m³）

区间	引水分级	4月	5月	6月	7月	8月	9月	10月	11月	合计
下一石	<5	25					21	26		72
	5～10	8	1	1	1	5	11		29	56
	10～15		18	26	24	30			6	104
	≥15		16	8	10					34
	合计	33	35	35	35	35	32	26	35	266
石一三	<5	13		1		14	1	1	14	44
	5～10		14	16	18	18	20	2	2	90
	≥10		21	17	17	1	13	25		94
	合计	13	35	34	35	33	34	28	16	228
石一头	<5	12		1		15	1	1	22	52
	5～10	1	11	12	18	18	20	2	2	84
	10～15		24	20	17	1	13	5		80
	≥15							19		19
	合计	13	35	33	35	34	34	27	24	235
下一三	<10	14					3	2	17	36
	10～15	5		1		7	20	3	18	54
	15～20		1	1	3	22	9	21		57
	20～25		14	19	18	6				57
	≥25		19	13	14					46
	合计	19	34	34	35	35	32	26	35	250
下一头	<10	15					3	3	8	29
	10～15	6		1		7	21	2	24	61
	15～20		1	2	3	21	9	22		58
	20～25		14	16	18	6		2		56
	≥25		20	15	14					49
	合计	21	35	34	35	34	33	29	32	253

　　下一头河段:样本容量共253个,其中月引水量小于10亿 m³ 的样本容量有29个,主要分布在4月和9～11月;月引水量在10亿～15亿 m³ 的样本容量有61个,除5月、7月外,其他各月皆有分布;月引水量在15亿～20亿 m³ 的样本容量有58个,分布在5～10月;月引水量在20亿～25亿 m³ 的样本容量有56个,主要分布在5～8月和10月;月引水量大于25亿 m³ 的样本容量有49个,主要分布在5～7月。

利用宁蒙河段各断面实测径流量资料,点绘不同河段上下断面之间的径流量关系(见图 6-1~图 6-5),拟合二者之间的关系曲线,得到不同河段上下断面之间的径流量关系式及相关系数(见表 6-3、表 6-4)。

表 6-3　不同引水级别上下断面径流量的关系

区间	引水分级（亿 m³）	关系式	相关系数	引水分级（亿 m³）	关系式	相关系数
下—石	<5	$W_石=1.0188W_下-0.839$	0.9907	10~15	$W_石=1.0101W_下-6.2325$	0.9746
	5~10	$W_石=1.0618W_下-4.9155$	0.9887	≥15	$W_石=0.9229W_下-6.754$	0.9195
石—三	<5	$W_下=0.9712W_上-1.7339$	0.9482	≥10	$W_下=0.9687W_上-10.495$	0.9821
	5~10	$W_下=1.0279W_上-8.1279$	0.9891			
石—头	<5	$W_下=0.9655W_上-2.3398$	0.9487	10~15	$W_下=0.9414W_上-9.9838$	0.9766
	5~10	$W_下=1.057W_上-8.9094$	0.9816	≥15	$W_下=0.9016W_上-12.433$	0.9412
下—三	<10	$W_三=0.9994W_下-4.1259$	0.9216	20~25	$W_三=1.0468W_下-17.415$	0.9275
	10~15	$W_三=0.9718W_下-6.1629$	0.9716	≥25	$W_三=0.9004W_下-16.343$	0.9645
	15~20	$W_三=1.0616W_下-12.152$	0.9659			
下—头	<10	$W_头=0.9485W_下-2.9794$	0.8877	20~25	$W_头=1.0195W_下-17.234$	0.9072
	10~15	$W_头=1.0505W_下-8.7025$	0.9702	≥25	$W_头=0.8813W_下-17.003$	0.9605
	15~20	$W_头=1.0366W_下-11.966$	0.9631			

6.1.1.3　多元回归分析法

河段下断面径流与上断面来水、区间支流来水、区间引排水关系密切,多元回归分析法就是采用逐步回归的方法,得出下断面径流与其显著影响因素的回归关系,揭示引水因素对下断面的径流影响。

经对 1972~2006 年宁蒙各河段资料分析发现,各河段上断面径流量、区间引水量、排水量等参数对下断面径流量具有显著影响,多元回归方程线性显著。考虑到排水量与引水量具有一定的关联性,为了定量分析引水对黄河径流的影响,建立河段下断面径流量与上断面径流量、区间引水量的多元回归方程(见表 6-5)。

6.1.1.4　上下断面径流量差法

由于宁蒙引黄灌区大引大排的灌溉特点,宁蒙河段的引黄灌区在通过引水渠引出大量水后,还有一部分水通过排水沟或地下侧渗形式退入黄河干流河道,灌区的耗用水量实际为灌区引水减去退水后的净引水量。

上下断面径流量差法就是对各河段区间引水量与上下断面径流量差值进行相关分析,由关系式分析各河段区间引水量、净引水量对河道径流的影响。利用各河段 1997~2006 年资料,分别得到不同河段区间引水量与上下断面径流量差值关系式及相关系数(见图 6-6、表 6-6)。

表 6-4　各月上下断面径流量的关系

区间	月份	关系式	相关系数	月份	关系式	相关系数
下一石	4	$W_石 = 1.018\,3W_下 - 2.618\,8$	0.894 7	8	$W_石 = 1.012W_下 - 3.261\,6$	0.987 6
	5	$W_石 = 0.879\,1W_下 - 6.386\,8$	0.922 7	9	$W_石 = 0.985\,3W_下 + 0.459\,9$	0.996 8
	6	$W_石 = 1.005\,3W_下 - 7.762\,4$	0.961 6	10	$W_石 = 0.996\,7W_下 + 0.310\,5$	0.990 1
	7	$W_石 = 0.944\,6W_下 - 4.417\,4$	0.991 2	11	$W_石 = 1.093\,9W_下 - 5.805\,7$	0.968 5
石一三	4	$W_下 = 1.025\,7W_上 - 1.586\,9$	0.958 4	8	$W_下 = 0.986\,1W_上 - 4.539\,8$	0.988 0
	5	$W_下 = 0.649\,9W_上 - 4.858\,6$	0.761 2	9	$W_下 = 0.964W_上 - 6.013\,7$	0.989 0
	6	$W_下 = 0.810\,2W_上 - 5.667\,9$	0.951 4	10	$W_下 = 0.973\,3W_上 - 11.667$	0.960 3
	7	$W_下 = 0.928\,8W_上 - 7.710\,1$	0.984 9	11	$W_下 = 0.928\,5W_上 - 1.053\,7$	0.849 0
石一头	4	$W_下 = 0.989W_上 - 0.445$	0.969 5	8	$W_下 = 1.025\,5W_上 - 5.944\,6$	0.979 9
	5	$W_下 = 0.602\,6W_上 - 3.750\,4$	0.654 1	9	$W_下 = 0.996\,4W_上 - 6.496\,3$	0.979 1
	6	$W_下 = 0.748\,3W_上 - 5.811\,9$	0.912 9	10	$W_下 = 0.946\,8W_上 - 12.148$	0.934 6
	7	$W_下 = 0.906\,6W_上 - 8.031\,1$	0.973 5	11	$W_下 = 1.038\,6W_上 - 4.683\,8$	0.887 7
下一三	4	$W_三 = 0.951\,4W_下 - 2.808\,9$	0.828 9	8	$W_三 = 0.993W_下 - 7.491\,7$	0.969 6
	5	$W_三 = 0.524\,4W_下 - 7.016$	0.554 3	9	$W_三 = 0.927\,3W_下 - 4.882\,4$	0.980 2
	6	$W_三 = 0.812\,6W_下 - 11.907$	0.912 9	10	$W_三 = 0.924\,4W_下 - 10.364$	0.938 1
	7	$W_三 = 0.869\,2W_下 - 11.518$	0.967 2	11	$W_三 = 1.047\,6W_下 - 6.429\,2$	0.861 7
下一头	4	$W_头 = 0.935W_下 - 1.887\,9$	0.988 2	8	$W_头 = 0.973\,3W_下 - 7.414\,3$	0.961 4
	5	$W_头 = 0.383\,6W_下 - 3.646$	0.437 0	9	$W_头 = 1.008\,6W_下 - 6.578\,5$	0.973 9
	6	$W_头 = 0.722\,2W_下 - 10.947$	0.874 0	10	$W_头 = 0.988\,5W_下 - 12.739$	0.936 4
	7	$W_头 = 0.844\,4W_下 - 11.605$	0.951 4	11	$W_头 = 0.935\,6W_下 - 6.537\,6$	0.733 4

表 6-5　下断面径流量与上断面径流量和区间引水量关系

区间	关系式	相关系数
下一石	$W_石 = 1.028\,48W_下 - 0.602W_引 + 0.707$	0.985
石一三	$W_三 = 1.000W_石 - 0.96W_引 + 0.444$	0.991
石一头	$W_头 = 1.024W_下 - 0.95W_引 - 0.49$	0.981
下一三	$W_三 = 1.004\,1W_下 - 0.795W_引 + 2.389\,7$	0.969
下一头	$W_头 = 1.024\,0W_下 - 0.845W_引 + 2.388\,8$	0.957

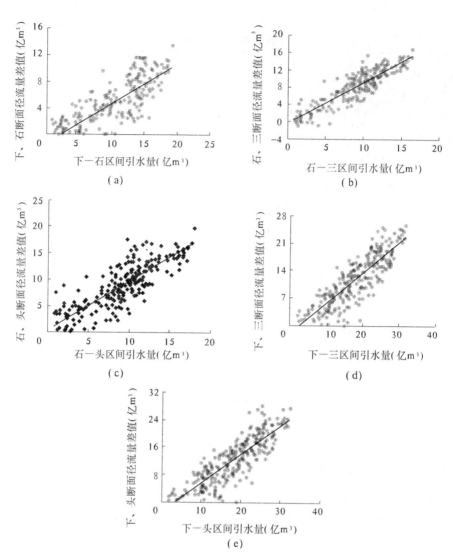

图6-6　上下断面径流量差值与区间月引水量关系

表6-6　上下断面径流量差值与区间引水量关系

区间	关系式	相关系数
下—石	$\Delta W = 0.588\,1W_{引} - 1.299\,4$	0.812
石—三	$\Delta W = 0.976\,W_{引} - 0.589\,7$	0.895
石—头	$\Delta W = 0.934\,5W_{引} + 0.129\,9$	0.819
下—三	$\Delta W = 0.794\,2W_{引} - 2.450\,9$	0.860
下—头	$\Delta W = 0.817\,3W_{引} - 2.347\,2$	0.839

6.1.2　灌区引水对河道泥沙影响

灌区引水对下游河段水文断面沙量变化的影响主要表现在两个方面:第一,引水的同时引走了部分泥沙,减少了下断面的输沙量;第二,引水后改变了引水口以下河道的水沙关系,引起河道冲淤量的变化。建立不引水和引水条件下河段上下断面间的输沙关系,可以分析出引水对河段下断面的输沙影响。考虑到引水所引起的河道冲淤变化以及不同引水比例与引水前河道的冲淤状态关系十分密切,分别建立不同冲淤状态下不引水和不同引水条件下的上断面及支流输沙量与下断面输沙量关系,用上断面实测输沙资料推算出受引水影响和不受引水影响情况下下断面的输沙量,可以求出受引水影响造成的下断面输沙的变化量。

本书分别采用上下断面输沙关系法、水沙关系法进行引水对下游河道输沙量变化影响的分析。

本书仅针对宁蒙河段引水期(4~11月)资料进行分析,称不受引水影响的上下断面输沙量关系为基线。

6.1.2.1 上下断面输沙关系法

根据对宁蒙各河段1972~2006年各月的冲淤变化分析(见图6-7),得出了不同河段较大冲刷、一般冲淤和较大淤积三种状态的划分区界,见表6-7。

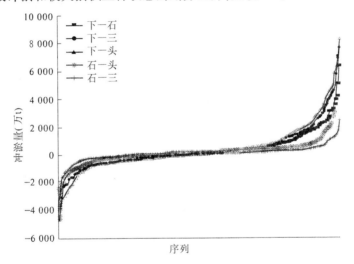

图6-7 宁蒙各河段冲淤变化

表6-7 宁蒙各河段冲淤状态划分 (单位:万t)

河段	不同程度冲淤量		
	较大冲刷	一般冲淤	较大淤积
下—石	< -600	-600 ~ 700	>700
下—三	< -700	-700 ~ 1 000	>1 000
下—头	< -700	-700 ~ 1 000	>1 000

由于宁蒙灌区引水历史悠久,实测水文断面输沙量资料均为受引水影响后的输沙量,不受引水影响的输沙量资料仅有极少数分布在个别年份的4月、11月,难以构成不引水系列,考虑到引水量占上游来水量比例很小时引沙量很少,可近似认为该条件下的引水不会改变河道的水沙关系。因此,以不引水及引水量占上断面来水量比例很小情况下的实

测输沙资料作为基线的资料系列。其中,下—石河段的基线样本按引水占来水比例小于5%进行控制,下—三、下—头河段控制在10%以内。

引水比分级的划分原则上按引水占来水的百分比分为 <20%、20% ~ 40%、40% ~ 60%、60% ~ 80%、80% ~ 100% 和 >100% 等六级,但具体到不同河段则有所差异(见表6-8)。

表6-8 宁蒙河段引水比分级情况

河段	分类	引水比分级	样本容量（个）	河段	分类	引水比分级	样本容量（个）
下—石	较大冲刷	基线	11	下—三	一般冲淤	>100%	21
		<20%	13		较大淤积	基线	7
		>20%	8			<60%	11
	一般冲淤	基线	9			60% ~ 70%	14
		<20%	42			70% ~ 100%	19
		20% ~ 40%	43			>100%	7
		40% ~ 60%	56		合计		261
		>60%	23	下—头	较大冲刷	基线	10
	较大淤积	基线	8			<30%	13
		<30%	7			30% ~ 50%	7
		30% ~ 50%	24			>50%	7
		50% ~ 60%	16		一般冲淤	基线	13
		>60%	8			<40%	21
	合计		268			40% ~ 60%	45
下—三	较大冲刷	基线	8			60% ~ 80%	28
		<30%	14			80% ~ 100%	34
		30% ~ 40%	6			>100%	19
		>40%	10		较大淤积	基线	9
	一般冲淤	基线	8			<60%	11
		<40%	20			60% ~ 70%	12
		40% ~ 60%	47			70% ~ 100%	17
		60% ~ 80%	34			>100%	12
		80% ~ 100%	35		合计		258

需要说明的是,在宁蒙河段较大淤积情况下,样本90%以上分布在7月、8月、9月三个月,但这三个月的引水量较大,基本上不存在月引水量占来水量的比例小于10%的点

据。为解决较大淤积情况下的基线问题,利用 1997～2006 年宁蒙灌区日引水资料,内蒙古河段 8 月有 9～18 d 不引水日输沙资料,将日资料放大为完全不引水月输沙资料;然后,利用不引水情况下的上下断面径流关系,推算宁夏河段 8 月完全不引水月输沙资料;最后,将 8 月不引水输沙资料中的淤积样本作为较大淤积情况下的基线样本。

考虑到河道的冲淤情况,为使基线样本具有较好的代表性,各河段分别按较大冲刷、一般冲淤和较大淤积三种冲淤情况建立不同引水比的上下断面输沙量关系。

根据宁蒙各河段的输沙量资料,绘制各河段不同冲淤情况下的相关关系图,见图 6-8;进行相关分析,得到各河段不同冲淤情况下不受引水影响(基线)和受不同引水比影响情况下的上下断面径流量关系式,见表 6-9。

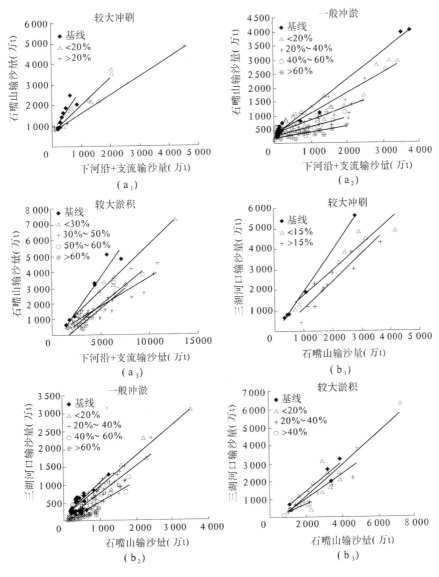

图 6-8　各河段不同冲淤情况下的上下断面输沙量相关关系

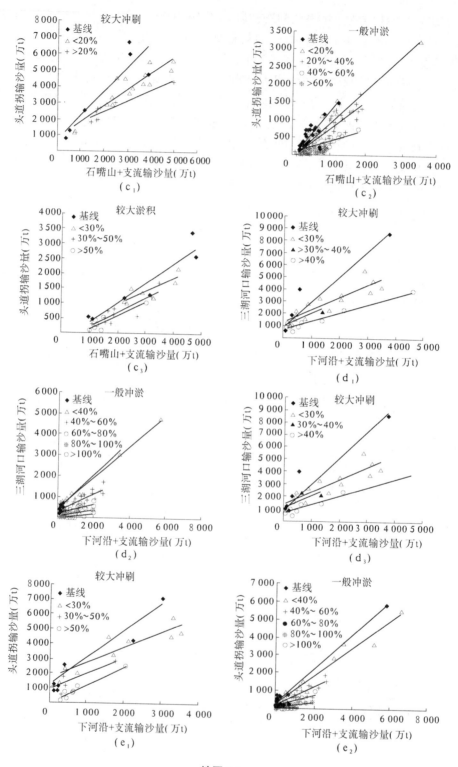

续图 6-8

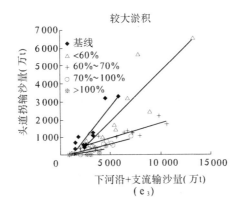

较大淤积

续图 6-8

表 6-9　宁蒙各河段上下断面输沙量相关关系

河段	分类	引水分级 （亿 m³）	关系式	相关系数
下—石	较大冲刷	基线	$y = 2.056\ 7x + 696.58$	0.833 0
		<20%	$y = 0.884\ 9x + 717.86$	0.999 2
		>20%	$y = 1.313\ 6x + 668.08$	0.956 2
	一般冲淤	基线	$y = 1.009\ 7x + 243.61$	0.992 2
		<20%	$y = 0.720\ 4x + 354.25$	0.953 8
		20% ~40%	$y = 0.472\ 0x + 360.5$	0.837 1
		40% ~60%	$y = 0.324\ 5x + 277.8$	0.781 7
		>60%	$y = 0.208\ 2x + 192.24$	0.741 4
	较大淤积	基线	$y = 0.849\ 0x - 670.41$	0.948 8
		<30%	$y = 0.578\ 6x - 118.4$	0.990 6
		30% ~50%	$y = 0.358\ 3x + 27.16$	0.902 7
		50% ~60%	$y = 0.496\ 2x - 596.39$	0.969 3
		>60%	$y = 0.486\ 7x - 784.92$	0.957 2
石—三	较大冲刷	基线	$y = 1.984\ 6x - 89.777$	0.998 0
		<15%	$y = 1.181\ 5x + 596.86$	0.954 5
		>15%	$y = 1.299\ 9x - 191.67$	0.934 9
	一般冲淤	基线	$y = 0.920\ 9x + 149.96$	0.870 6
		<20%	$y = 0.851\ 1x + 86.501$	0.976 2
		20% ~40%	$y = 0.742\ 4x + 47.148$	0.898 9
		40% ~60%	$y = 0.564\ 0x - 37.750$	0.865 9
		>60%	$y = 0.314\ 3x - 33.808$	0.786 3
	较大淤积	基线	$y = 0.825\ 8x - 231.19$	0.938 9
		<20%	$y = 0.885\ 8x - 594.04$	0.903 7
		20% ~40%	$y = 0.721\ 2x - 414.01$	0.934 2
		>40%	$y = 0.395\ 7x - 62.205$	0.892 6

河段	分类	引水分级 （亿 m³）	关系式	相关系数
石—头	较大冲刷	基线	$y = 1.493\,5x + 675.55$	0.897 9
		<20%	$y = 1.004\,3x + 809.67$	0.925 4
		>20%	$y = 0.653\,0x + 1187.7$	0.928 6
	一般冲淤	基线	$y = 1.273\,8x - 58.924$	0.900 0
		<20%	$y = 0.962\,6x - 89.683$	0.957 2
		20%~40%	$y = 0.779\,8x - 41.898$	0.852 3
		40%~60%	$y = 0.344\,1x + 50.404$	0.779 2
		>60%	$y = 0.177\,6x - 18.576$	0.764 5
	较大淤积	基线	$y = 0.665\,1x - 305.02$	0.941 0
		<30%	$y = 0.443\,4x + 72.881$	0.828 5
		30%~50%	$y = 0.498\,0x - 323.15$	0.864 2
		>50%	$y = 0.453\,1x - 323.47$	0.905 5
下—三	较大冲刷	基线	$y = 2.096\,8x + 938.04$	0.957 1
		<30%	$y = 1.022\,1x + 1\,323.4$	0.898 4
		30%~40%	$y = 1.047\,2x + 996.87$	0.801 9
		>40%	$y = 0.696\,7x + 657.97$	0.973 6
	一般冲淤	基线	$y = 0.829\,8x + 407.97$	0.933 9
		<40%	$y = 0.748\,8x + 435.83$	0.985 2
		40%~60%	$y = 0.407\,7x + 356.59$	0.890 1
		60%~80%	$y = 0.250\,7x + 189.38$	0.815 0
		80%~100%	$y = 0.168\,7x + 87.612$	0.716 4
		>100%	$y = 0.127\,8x - 49.447$	0.799 7
	较大淤积	基线	$y = 0.527\,5x - 35.256$	0.892 9
		<60%	$y = 0.536\,5x - 367.66$	0.870 6
		60%~70%	$y = 0.218\,5x + 103.83$	0.900 2
		70%~100%	$y = 0.148\,2x - 97.142$	0.792 1
		>100%	$y = 0.048\,9x - 30.896$	0.910 2
下—头	较大冲刷	基线	$y = 1.824\,3x + 1\,233.4$	0.851 6
		<30%	$y = 1.049\,4x + 1\,671.4$	0.898 9
		30%~50%	$y = 1.084\,4x + 919.710$	0.868 7
		>50%	$y = 1.211\,7x - 30.222$	0.965 8

河段	分类	引水分级 （亿 m³）	关系式	相关系数
下一头	一般冲淤	基线	$y = 0.937\,1x + 363.05$	0.991 9
		<40%	$y = 0.766\,0x + 323.03$	0.981 7
		40%~60%	$y = 0.509\,6x + 179.03$	0.906 0
		60%~80%	$y = 0.328\,8x + 114.28$	0.843 3
		80%~100%	$y = 0.146\,4x + 51.443$	0.779 2
		>100%	$y = 0.082\,2x - 29.989$	0.758 0
	较大淤积	基线	$y = 0.720\,1x - 859.97$	0.908 2
		<60%	$y = 0.566\,6x - 990.87$	0.879 8
		60%~70%	$y = 0.168\,4x + 101.16$	0.909 7
		70%~100%	$y = 0.144\,8x - 121.52$	0.785 0
		>100%	$y = 0.088\,7x - 88.408$	0.731 8

注:式中 x 表示上断面 + 支流输沙量, y 表示下断面输沙量。

从图 6-8 和表 6-9 可以看出,在同一上游来沙情况下,随着引水量增大,下断面输沙量逐渐减少。宁蒙各河段按含沙量和引水量分级后上下断面输沙量相关性较好,80%的河段相关系数在 0.8 以上;相关性较差的多发生在引水比较大的上下断面输沙关系中。

6.1.2.2 水沙关系法

断面的水沙关系反映了河道水沙变化的特性,受引水影响断面的水沙关系与不受引水影响的水沙关系有一定的差异,通过对引水前后断面的水沙关系变化可以分析引水对断面输沙的影响。宁蒙河段含沙量较小,断面水沙关系可表示为:

受引水影响

$$w_s = k_1 w^{\alpha_1} \tag{6-8}$$

不受引水影响

$$w_{s0} = k_2 w_0^{\alpha_2} \tag{6-9}$$

式中: w_s、w_{s0} 分别为引水、不引水时下游水文断面的输沙量,万 t; w、w_0 分别为引水、不引水时下游水文断面的径流量,亿 m³; k、α 分别为系数和指数,与来水来沙条件、河道形态、引水引沙条件等有关。

根据 1972~2006 年宁蒙河段实测水沙资料,利用上下断面输沙关系确定的引水及不引水系列样本,分别建立石嘴山、三湖河口和头道拐水文断面引水与不引水条件下的水沙关系,见表 6-10、表 6-11。

由表 6-11 可见,引水期各月径流—输沙量相关关系较好,尤其是头道拐断面,相关系数均大于 0.94。但是,当月径流量较大,即三湖河口径流量大于 40 亿 m³ 时,头道拐径流量大于 50 亿 m³ 时,关系线向上偏离实测值,造成理论输沙量偏高。

表 6-10 不受引水影响月径流—月输沙量相关关系

区间	关系式	相关系数
下—石	$y = 9.782\ 7x^{1.406\ 7}$	0.870
石—三	$y = 3.050\ 5x^{1.825\ 8}$	0.951
下—三	$y = 5.820\ 8x^{1.609}$	0.950
石—头	$y = 1.714\ 2x^{1.999\ 4}$	0.931
下—头	$y = 5.374\ 5x^{1.678\ 5}$	0.951

注:各关系式中 x 表示月径流量,y 表示月输沙量。

表 6-11 受引水影响月径流—月输沙量相关关系

断面	区间	月份	关系式	相关系数	断面	区间	月份	关系式	相关系数
石嘴山	下—石	4	$y = 4.725\ 0x^{1.563\ 8}$	0.939	头道拐	石—头	8	$y = 11.375\ 0x^{1.468\ 8}$	0.949
		5	$y = 4.962\ 2x^{1.524\ 3}$	0.879			9	$y = 2.098\ 0x^{1.958\ 6}$	0.947
		6	$y = 7.117\ 1x^{1.415\ 5}$	0.903			10	$y = 1.892\ 4x^{1.933\ 9}$	0.980
		7	$y = 35.023\ 0x^{1.054\ 2}$	0.822			11	$y = 4.139\ 9x^{1.608\ 5}$	0.899
		8	$y = 25.780\ 0x^{1.171}$	0.834	三湖河口	下—三	4	$y = 3.817\ 8x^{1.777\ 1}$	0.930
		9	$y = 13.006\ 0x^{1.329}$	0.863			5	$y = 2.637\ 0x^{1.932}$	0.970
		10	$y = 0.381\ 9x^{2.401\ 5}$	0.848			6	$y = 4.066\ 8x^{1.739\ 1}$	0.958
		11	$y = 2.714\ 5x^{1.77}$	0.911			7	$y = 9.597\ 6x^{1.469\ 3}$	0.957
三湖河口	石—三	4	$y = 2.834\ 6x^{1.942\ 2}$	0.957			8	$y = 15.678\ 0x^{1.353\ 2}$	0.912
		5	$y = 2.495\ 1x^{1.958\ 6}$	0.974			9	$y = 6.476\ 6x^{1.587\ 3}$	0.952
		6	$y = 2.608\ 1x^{1.919\ 2}$	0.970			10	$y = 3.997\ 0x^{1.716\ 1}$	0.978
		7	$y = 9.597\ 6x^{1.469\ 3}$	0.957			11	$y = 1.974\ 4x^{1.985\ 8}$	0.931
		8	$y = 15.735\ 0x^{1.341\ 2}$	0.918	头道拐	下—头	4	$y = 1.785\ 0x^{1.929\ 6}$	0.943
		9	$y = 6.312\ 1x^{1.596\ 5}$	0.945			5	$y = 1.541\ 1x^{2.150\ 2}$	0.982
		10	$y = 4.118\ 2x^{1.703\ 3}$	0.980			6	$y = 2.105\ 6x^{2.040\ 8}$	0.959
		11	$y = 3.024\ 4x^{1.815\ 7}$	0.946			7	$y = 8.561\ 8x^{1.590\ 2}$	0.958
头道拐	石—头	4	$y = 1.546\ 1x^{1.999\ 1}$	0.900			8	$y = 9.571\ 2x^{1.520\ 6}$	0.965
		5	$y = 1.541\ 1x^{2.150\ 2}$	0.965			9	$y = 3.109\ 0x^{1.816\ 4}$	0.975
		6	$y = 1.001\ 5x^{2.358\ 6}$	0.950			10	$y = 1.870\ 6x^{1.939\ 2}$	0.989
		7	$y = 7.997\ 1x^{1.611\ 2}$	0.907			11	$y = 1.301\ 7x^{2.029\ 7}$	0.947

注:各关系式中 x 表示月径流量,y 表示月输沙量。

6.2 水沙数学模型分析法

6.2.1 模型方程组成

为了分析灌区引水对干流水沙的影响,建立了宁蒙河段河道一维水沙数学模型。模型的控制方程主要有:

水流连续方程

$$B\frac{\partial Z}{\partial t} + \frac{\partial Q}{\partial x} = q \tag{6-10}$$

水流运动方程

$$\frac{\partial Q}{\partial t} + \frac{\partial}{\partial x}\left(\frac{\alpha Q^2}{A}\right) + gA\left(\frac{\partial Z}{\partial x} + \frac{Q|Q|}{K^2}\right) = 0 \tag{6-11}$$

泥沙输移控制方程

$$\frac{\partial(QS_k)}{\partial x} + \frac{\partial(AS_k)}{\partial t} + K_s\alpha_*\omega_k\chi(f_sS_k - S_k^*) = S_1q_1 \tag{6-12}$$

河床变形方程

$$\frac{\partial Z_{bij}}{\partial t} - \frac{K_{sij}\alpha_{*ij}\omega_{sij}}{\gamma_0} - (f_{sij}S_{ij} - S_{ij}^*) = 0 \tag{6-13}$$

式中:t 为时间;x 为距水道某固定断面沿流程的距离;χ 为过水断面的湿周;Q 为单宽流量;Z 为水深;q 为入流;g 为重力加速度;A 为过水断面的面积;K 为过流系数;i 为断面号;j 为子断面号,m 为子断面数,河床高程最低的子断面取 j 为 1,最高的取 j 为 m;S_k、S_k^* 和 ω_k 分别为第 k 组悬移质泥沙的断面平均含沙量、挟沙力和有效沉降速度;S_1 为侧向入流的含沙量;K_s、α_* 和 f_s 分别为张红武不平衡输沙理论引入的三个计算参数,分别表示第 k 粒径组泥沙的附加系数、平衡含沙量分布系数和泥沙非饱和系数;Z_{bij} 为河床冲淤厚度;γ_0 为淤积物干容重。

模型求解采用非耦合求解方法。先求解水流连续方程和水流运动方程,获得宁蒙河道有关水力要素后,再求解泥沙连续方程和河床变形方程,推求河床冲淤变形结果。如此水沙交替进行求解,从宁蒙河段下河沿水文控制断面演算到下游出口水文控制断面。水流方程采用四点隐式差分格式离散,泥沙输移和河床变形采用显式差分格式。

6.2.2 水流方程求解

我们采用简化四点线性隐式方法对水流连续方程及运动方程——圣维南方程进行推导。水流连续及运动模型见图6-9。

$$f(x,t) = \frac{1}{2}(f_{j+1}^n + f_j^n) \tag{6-14}$$

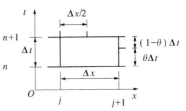

图6-9 水流连续及运动模型

$$\frac{\partial f}{\partial x} \approx \theta \frac{f_{j+1}^{n+1} - f_j^{n+1}}{\Delta x} + (1-\theta)\frac{f_{j+1}^n - f_j^n}{\Delta x} \qquad (6\text{-}15)$$

$$\frac{\partial f}{\partial t} \approx \frac{f_{j+1}^{n+1} - f_{j+1}^n + f_j^{n+1} - f_j^n}{2\Delta t} \qquad (6\text{-}16)$$

6.2.2.1 连续方程

$$B\frac{\partial Z}{\partial t} + \frac{\partial Q}{\partial x} = q$$

$$\frac{\partial Z}{\partial t} = \frac{Z_{j+1}^{n+1} - Z_{j+1}^n + Z_j^{n+1} - Z_j^n}{2\Delta t}$$

$$\frac{\partial Q}{\partial x} = \theta \frac{Q_{j+1}^{n+1} - Q_j^{n+1}}{\Delta x_j} + (1-\theta)\frac{Q_{j+1}^n - Q_j^n}{\Delta x_j}$$

将以上关系代入连续方程得

$$\left.\begin{array}{l} B_{j+0.5}^n \dfrac{Z_{j+1}^{n+1} - Z_{j+1}^n + Z_j^{n+1} - Z_j^n}{2\Delta t} + \theta \dfrac{Q_{j+1}^{n+1} - Q_j^{n+1}}{\Delta x_j} + (1-\theta)\dfrac{Q_{j+1}^n - Q_j^n}{\Delta x_j} = q_{j+0.5} \\[3mm] Q_{j+1}^{n+1} - Q_j^{n+1} + C_j Z_{j+1}^{n+1} + C_j Z_j^{n+1} = D_j \end{array}\right\} \qquad (6\text{-}17)$$

其中

$$C_j = \frac{B_{j+0.5}^n + \Delta x_j}{2\Delta t\theta}$$

$$D_j = \frac{q_{j+0.5}\Delta x_j}{\theta} - \frac{1-\theta}{\theta}(Q_{j+1}^n - Q_j^n) + C_j(Z_{j+1}^n + Z_j^n)$$

6.2.2.2 动量方程

$$\frac{\partial Q}{\partial t} + \frac{\partial}{\partial x}\left(\frac{\alpha Q^2}{A}\right) + gA\left(\frac{\partial Z}{\partial x} + \frac{Q|Q|}{K^2}\right) = 0$$

$$\frac{\partial Q}{\partial t} = \frac{Q_{j+1}^{n+1} - Q_{j+1}^n + Q_j^{n+1} - Q_j^n}{2\Delta t}$$

$$\frac{\partial Z}{\partial x} = \theta \frac{Z_{j+1}^{n+1} - Z_j^{n+1}}{\Delta x_j} + (1-\theta)\frac{Z_{j+1}^n - Z_j^n}{\Delta x_j}$$

$$\frac{\partial}{\partial x}\left(\frac{\alpha Q^2}{A}\right) = \frac{\partial}{\partial x}(\alpha u Q) = \frac{\theta\left[(\alpha u)_{j+1}^n Q_{j+1}^{n+1} - (\alpha u)_j^n Q_j^{n+1}\right] + (1-\theta)\left[(\alpha u)_{j+1}^n Q_{j+1}^n - (\alpha u)_j^n Q_j^n\right]}{\Delta x_j}$$

$$\cdot gA\frac{Q|Q|}{K^2} = g\frac{Q|Q|}{c^2 AR} = \left(g\frac{|u|}{2c^2 R}\right)_j^n Q_j^{n+1} + \left(g\frac{|u|}{2c^2 R}\right)_{j+1}^n Q_{j+1}^{n+1}$$

将以上关系式代入动量方程得

$$E_j Q_j^{n+1} + G_j Q_{j+1}^{n+1} + F_j Z_{j+1}^{n+1} - F_j Z_j^{n+1} = \phi_j \qquad (6\text{-}18)$$

其中

$$E_j = \frac{\Delta x_j}{2\theta\Delta t} - (\alpha u)_j^n + \left(\frac{g|u|}{2\theta c^2 R}\right)_j^n \Delta x_j$$

$$G_j = \frac{\Delta x_j}{2\theta\Delta t} + (\alpha u)_{j+1}^n + \left(\frac{g|u|}{2\theta c^2 R}\right)_{j+1}^n \Delta x_j$$

$$F_j = (gA)_{j+0.5}^n$$

$$\phi_j = \frac{\Delta x_j}{2\theta\Delta t}(Q_{j+1}^n + Q_j^n) - \frac{1-\theta}{\theta}\big[(\alpha u Q)_{j+1}^n - (\alpha u Q)_j^n\big] - \frac{1-\theta}{\theta}(gA)_{j+0.5}^n(Z_{j+1}^n - Z_j^n)$$

为书写方便,忽略上标 $n+1$,可把式(6-17)、式(6-18)的任一河段差分方程写成

$$\left.\begin{array}{l} Q_{j+1} - Q_j + C_j Z_{j+1} + C_j Z_j = D_j \\ E_j Q_j + G_j Q_{j+1} + F_j Z_{j+1} - F_j Z_j = \phi_j \end{array}\right\} \tag{6-19}$$

其中,C_j、D_j、E_j、F_j、G_j 和 ϕ_j 均由初值计算,所以方程组为常系数线性方程组。对一条具有 $L_2 - L_1$ 个河段的河道,有 $2(L_2 - L_1 + 1)$ 个未知变量,可以列出 $2(L_2 - L_1)$ 个方程,加上河道两端的边界条件,形成封闭的代数方程组,即

上边界条件 $Q_{L_1} = f_1(Z_{L_1})$

$$\left.\begin{array}{l} -Q_{L_1} + Q_{L_1+1} + C_{L_1} Z_{L_1} + C_{L_1} Z_{L_1+1} = D_{L_1} \\ E_{L_1} Q_{L_1} + G_{L_1} Q_{L_1+1} - F_{L_1} Z_{L_1} + F_{L_1} Z_{L_1+1} = \phi_{L_1} \\ -Q_{L_1+1} + Q_{L_1+2} + C_{L_1+1} Z_{L_1+1} + C_{L_1+1} Z_{L_1+2} = D_{L_1+1} \\ E_{L_1+1} Q_{L_1+1} + C_{L_1+1} Q_{L_1+2} - F_{L_1+1} Z_{L_1+1} + F_{L_1+1} Z_{L_1+2} = \phi_{L_1+1} \\ \vdots \\ -Q_{L_2-1} + Q_{L_2} + C_{L_2-1} Z_{L_2-1} + C_{L_2-1} Z_{L_2} = D_{L_2-1} \\ E_{L_2-1} Q_{L_2-1} + C_{L_2-1} Q_{L_2} - F_{L_2-1} Z_{L_2-1} + F_{L_2-1} Z_{L_2} = \phi_{L_2-1} \end{array}\right\} \tag{6-20}$$

下边界条件 $Q_{L_2} = f_2(Z_{L_2})$

由此未知量 Q_j、$Z_j(j = L_1, L_1+1, \cdots, L_2)$ 可求唯一解。

6.2.2.3 边界条件

对于方程组(6-20),根据不同的边界条件,可假设不同的递推关系,用追赶法求解。

对于河道的边界条件,一般有以下三种情况:

(1)水位已知 $Z_{L_1} = Z_{L_1}(t)$;

(2)流量已知 $Q_{L_1} = Q_{L_1}(t)$;

(3)水位流量关系已知 $Q_{L_1} = f(Z_{L_1})$。

1)水位边界条件的计算

对于水位已知的边界条件,可设如下的追赶方程,即

$$\left.\begin{array}{l} Q_j = S_{j+1} - T_{j+1} Q_{j+1} \\ Z_{j+1} = P_{j+1} - V_{j+1} Q_{j+1} \end{array}\right\} \quad (j = L_1, L_1+1, \cdots, L_2-1) \tag{6-21}$$

由于

$$Z_{L_1} = Z_{L_1}(t) = P_{L_1} - V_{L_1} Q_{L_1}$$

所以

$$P_{L_1} = Z_{L_1}(t), \quad V_{L_1} = 0$$

把式(6-21)中的 Z_j 表达式代入式(6-20)得

$$-Q_j + C_j(P_j - V_j Q_j) + Q_{j+1} + C_j Z_{j+1} = D_j$$
$$E_j Q_j - F_j(P_j - V_j Q_j) + G_j Q_{j+1} + F_j Z_{j+1} = \phi_j$$

以 Q_j 为自由变量可解得

$$Q_j = S_{j+1} - T_{j+1} Q_{j+1}$$
$$Z_{j+1} = P_{j+1} - V_{j+1} Q_{j+1}$$

其中

$$S_{j+1} = \frac{C_j Y_2 - F_j Y_1}{F_j Y_3 + C_j Y_4}, \quad T_{j+1} = \frac{C_j G_j - F_j}{F_j Y_3 + C_j Y_4}, \quad P_{j+1} = \frac{Y_1 + Y_3 S_{j+1}}{C_j}, \quad V_{j+1} = \frac{1 + Y_3 T_{j+1}}{C_j}$$

$$Y_1 = D_j - C_j P_j, \quad Y_2 = \phi_j + F_j P_j, \quad Y_3 = 1 + C_j V_j, \quad Y_4 = E_j + F_j V_j$$

由此递推关系可得

$$Z_{L_2} = P_{L_2} - V_{L_2} Q_{L_2}$$

与下边界 $Q_{L_2} = f_2(Z_{L_2})$ 联立可求得 Q_{L_2}，回代可求出 Q_j、$Z_j (j = L_2, L_2 - 1, \cdots, L_1)$。

2）流量边界条件的计算

对于流量已知的边界条件，可假设如下追赶关系

$$\left. \begin{array}{l} Z_j = S_{j+1} - T_{j+1} Z_{j+1} \\ Q_{j+1} = P_{j+1} - V_{j+1} Z_{j+1} \end{array} \right\} \quad (j = L_1, L_1 + 1, \cdots, L_2 - 1) \qquad (6\text{-}22)$$

因为

$$Q_{L_1} = Q_{L_1}(t)$$

所以

$$P_{L_1} = Q_{L_1}(t), \quad V_{L_1} = 0$$

将式（6-22）中的 Q_j 表达式代入式（6-20）得

$$-(P_j - V_j Z_j) + C_j Z_j + Q_{j+1} + C_j Z_{j+1} = D_j$$
$$E_j(P_j - V_j Z_j) - F_j Z_j + G_j Q_{j+1} + F_j Z_{j+1} = \phi_j$$

解得式（6-22）中的追赶系数表达式为

$$S_{j+1} = \frac{G_j Y_3 - Y_4}{Y_1 G_j + Y_2}, \quad T_{j+1} = \frac{C_j G_j - F_j}{Y_1 G_j + Y_2}, \quad P_{j+1} = Y_3 - Y_1 S_{j+1}, \quad V_{j+1} = C_j - Y_1 T_{j+1}$$

$$Y_1 = V_j + C_j, \quad Y_2 = F_j + E_j V_j, \quad Y_3 = D_j + P_j, \quad Y_4 = \phi_j - E_j P_j$$

可见，由上述递推关系，可依次求得 S_{j+1}、T_{j+1}、P_{j+1}、V_{j+1}，最后得到

$$Q_{L_2} = P_{L_2} - V_{L_2} Z_{L_2}$$

与下边界条件 $Q_{L_2} = f_2(Z_{L_2})$ 联立可求得 Q_{L_2}，回代可求出 Q_j、$Z_j (j = L_2, L_2 - 1, \cdots, L_1)$。

3）水位—流量关系边界的计算

对于水位—流量关系上边界条件 $Q_{L_1} = f(Z_{L_1})$，可线性化处理成 $Q_{L_1} = P_{L_1} - V_{L_1} Z_{L_1}$，即可同流量边界条件一样处理。

由于

$$\mathrm{d}Q_{L_1} = f'(Z_{L_1})\mathrm{d}Z_{L_1}$$
$$Q_{L_1} - f(Z_{L_1}^0) = f'(Z_{L_1}^0)(Z_{L_1} - Z_{L_1}^0)$$
$$Q_{L_1} = f(Z_{L_1}^0) + f'(Z_{L_1}^0)(Z_{L_1} - Z_{L_1}^0) = f(Z_{L_1}^0) - f'(Z_{L_1}^0)Z_{L_1}^0 + f'(Z_{L_1}^0)Z_{L_1}$$

所以

$$P_{L_1} = f(Z_{L_1}^0) - f'(Z_{L_1}^0)Z_{L_1}^0, Z_{L_1} = f'(Z_{L_1}^0)$$

6.2.2.4 内部边界的处理

在河道水流计算中,除外部边界条件外,还可能遇到内部边界条件。所谓内部边界条件,是指河道的几何形状的不连续处或水力特性的不连续点,如河流的汇合点、过水断面的突然改变之处、堰闸过流处、集中水头损失处等。在这些内部边界处,圣维南方程组不再使用,必须根据其水力特性作特殊处理。内部边界条件通常包含两个相容性,即流量的连续性条件和能量守恒条件(或动量守恒条件)。现以四点隐式为例,讨论常见的内边界条件的处理和计算方法。

1)集中旁侧入流

对于集中旁侧入流(见图6-10),可设一虚拟河段 $\Delta x_j = 0$,这时基本的连续方程为

$$\left. \begin{array}{c} Z_i = Z_{i+1} \\ Q_i + Q_f = Q_{i+1} \end{array} \right\} \tag{6-23}$$

由式(6-23)替代式(6-20)可同样得出递推关系式。

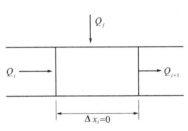

当上边界为水位边界条件时

$$Z_i = P_i - V_i Q_i$$

故

$$Z_{i+1} = P_i + V_i Q_f - V_i Q_{i+1}$$
$$Q_i = Q_{i+1} - Q_f$$

图6-10　集中旁侧入流河段示意图

所以

$$S_{i+1} = -Q_f, \quad T_{i+1} = -1, \quad P_{i+1} = P_i + V_i Q_f, \quad V_{i+1} = V_i$$

当上边界为流量条件时

$$Q_i = P_i - V_i Z_i$$
$$Q_{i+1} = Q_i + Q_f = P_i - V_i Z_i + Q_f = P_i - V_i Z_{i+1} + Q_f$$

所以

$$S_{i+1} = 0, \quad T_{i+1} = -1, \quad P_{i+1} = P_i + Q_f, \quad V_{i+1} = V_i$$

2)河道与贮水池汇合

对于贮水池河段(见图6-11),假设河道水位与贮水池水位相等,可列出如下方程

$$Z_i = Z_{i+1} = Z_s$$

由连续方程

$$Q_{i+1} = Q_i - Q_s$$

式中:Q_s 为河道向贮水池的流量。

由贮水池的连续方程

$$A_s \frac{dZ_s}{dt} = Q_s$$

$$A_s \frac{Z_s - Z_s^0}{dt} = Q_s$$

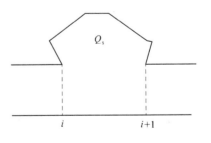

图6-11　贮水池河段示意图

故

$$Z_i = Z_{i+1}$$
$$Q_{i+1} = Q_i - A_s \frac{Z_{i+1} - Z_{i+1}^0}{\mathrm{d}t} \Bigg\}$$

(6-24)

当上边界是水位边界条件时

$$Z_i = P_i - V_i Q_i$$

由式(6-24)可求得

$$Q_i = \frac{\frac{A_s}{\Delta t}(P_i - Z_i^0) + Q_{i+1}}{1 + \frac{A_s}{\Delta t} V_i}$$

$$Z_{i+1} = \frac{P_i + \frac{V_i A_s}{\Delta t} Z_i^0 - V_i Q_{i+1}}{1 + \frac{A_s}{\Delta t} V_i}$$

所以

$$S_{i+1} = \frac{\frac{A_s}{\Delta t}(P_i - Z_i^0)}{1 + \frac{A_s}{\Delta t} V_i}, \quad T_{i+1} = -\frac{1}{1 + \frac{A_s}{\Delta t} V_i}, \quad P_{i+1} = \frac{P_i + \frac{V_i A_s}{\Delta t} Z_i^0}{1 + \frac{A_s}{\Delta t} V_i}, \quad V_{i+1} = \frac{V_i}{1 + \frac{A_s}{\Delta t} V_i}$$

当上边界为流量边界条件时

$$Q_i = P_i - V_i Z_i$$

由式(6-24)可求得

$$Z_i = Z_{i+1}$$
$$Q_{i+1} = P_i + \frac{A_s}{\Delta t} Z_{i+1}^0 - \left(V_i + \frac{A_s}{\Delta t}\right) Z_{i+1}$$

所以

$$S_{i+1} = 0, \quad T_{i+1} = -1, \quad P_{i+1} = P_i + \frac{A_s}{\Delta t} Z_{i+1}^0, \quad V_{i+1} = V_i + \frac{A_s}{\Delta t}$$

3) 过水断面突然放大的情况

对于过水断面突然放大的情况(见图6-12),其相容条件是

$$Q_i = Q_{i+1}$$
$$Z_i + \frac{u_i^2}{2g} = Z_{i+1} + \frac{u_{i+1}^2}{2g} + \xi \frac{(u_i - u_{i+1})^2}{2g}$$

式中:ξ 为局部阻力系数。

令

$$\Delta h = \frac{u_{i+1}^2}{2g} - \frac{u_i^2}{2g} + \xi \frac{(u_i - u_{i+1})^2}{2g}$$

于是

$$Q_i = Q_{i+1}, \quad Z_{i+1} = Z_i - \Delta h$$

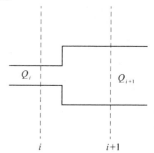

图6-12 过水断面突然放大的情况

当上边界为水位边界条件时

$$Z_i = P_i - V_i Q_i$$

$$Z_{i+1} = P_i - V_i Q_{i+1} - \Delta h$$

所以

$$S_{i+1} = 0, \quad T_{i+1} = -1, \quad P_{i+1} = P_i - \Delta h, \quad V_{i+1} = V_i$$

当上边界为流量边界条件时

$$Q_i = P_i - V_i Z_i$$

$$Q_{i+1} = P_i - V_i Z_i = P_i - V_i(Z_{i+1} + \Delta h) = P_i - V_i \Delta h - V_i Z_{i+1}$$

$$Z_i = Z_{i+1} + \Delta h$$

所以

$$S_{i+1} = \Delta h, \quad T_{i+1} = -1, \quad P_{i+1} = P_i - V_i \Delta h, \quad V_{i+1} = V_i$$

以上是水流要素的计算,下面根据计算出来的水流要素计算泥沙的输移。

6.2.3 泥沙输移控制方程的求解

根据张红武提出的不平衡输沙理论,一维悬移质泥沙运动可表示为

$$\frac{\partial(QS_k)}{\partial x} + \frac{\partial(AS_k)}{\partial t} + K_s \alpha_* \omega_k B(f_s S_k - S_k^*) = S_1 q_1$$

$$\frac{\partial(A_i V_i S_i)}{\partial x} + \frac{\partial(A_i S_i)}{\partial t} + \sum_{j=1}^{m}(K_{sij}\alpha_{*ij}\omega_{sij}b_{ij}f_{sij}S_{ij}) - \sum_{j=1}^{m}(K_{sij}\alpha_{*ij}\omega_{sij}b_{ij}S_{ij}^*) = S_{1i} q_{1i}$$

式中:i 为断面号;j 为子断面号,m 为子断面数,河床高程最低的子断面取 j 为 1,最高的取 j 为 m;S_k、S_k^* 和 ω_k 分别为第 k 组悬移质泥沙的断面平均含沙量、挟沙力和有效沉降速度;S_1 为侧向入流的含沙量;K_s、α_* 和 f_s 是张红武不平衡输沙理论引入的三个计算参数,分别表示第 k 粒径组泥沙的附加系数、平衡含沙量分布系数和泥沙非饱和系数。具体计算方法见张红武、江恩惠等著《黄河高含沙洪水模型的相似律》。

α_* 理论上应为平衡情况下河底含沙量与垂线平均含沙量的比值。

$$\alpha_* = \frac{S_{*b}}{S_*} = \frac{1}{N_0}\exp\left(8.21\frac{\omega_s}{ku_*}\right), \alpha_1 = S_b/S, f_s = \alpha_1/\alpha_*$$

其中:

$$N_0 = \int_0^1 f\left(\frac{\sqrt{g}}{c_n C}, \eta\right)\exp\left(5.333\frac{\omega}{ku_*}\arctan\sqrt{\frac{1}{\eta} - 1}\right)d\eta$$

$$f\left(\frac{\sqrt{g}}{c_n C}, \eta\right) = 1 - \frac{3\pi}{8c_n}\frac{\sqrt{g}}{C} + \frac{\sqrt{g}}{c_n C}(\sqrt{\eta - \eta^2} + \arcsin\sqrt{\eta})$$

式中:$\eta = z/h$,为相对水深;$c_n = 0.375k$,为涡团参数;k 为卡门常数,$k = 0.4 - 1.68\sqrt{S_V}(0.365 - S_V)$。

K_s、f_s 为经验系数,分别为

$$K_s = \frac{1}{2.65}k^{4.65}\left(\frac{u^{*1.5}}{v^{0.5}\omega_s}\right)^{1.14}, \quad f_s = \left(\frac{S}{S^*}\right)^{[0.1/\arctan(S/S^*)]}$$

式中:k 为浑水卡门常数;u^* 为摩阻流速($u^* = \sqrt{\tau_0/\rho} = v_{cp}\sqrt{\lambda/8}$,$v_{cp}$ 为垂线平均流速,谢才公式 $\lambda = 8g/C^2$,C 为谢才系数);v 为流速。

以往大量研究和模型计算表明,在悬移质泥沙运动方程中,引入这三个参数后,不仅保证了理论上的完善性,而且通过几个参数的相互制约与调整,克服了以往泥沙模型中恢复饱和系数为经验常数且经常调整的缺点,使所建立的数学模型能够适应不同的水沙条件。

采用迎风格式对泥沙连续方程进行离散,当 $Q \geqslant 0$ 时,其离散格式可表示为

$$S_i^{n+1} = (K_s \Delta t \alpha_* B_i^{n+1} \omega_{si}^{n+1} S_i^{*n+1} + A_i^n S_i^n + \frac{\Delta t Q_{i-1}^{n+1} S_{i-1}^{n+1}}{\Delta x_{i-1}} + S_1 q_1) / (K_s \Delta t \alpha_* B_i^{n+1} \omega_{si}^{n+1} f_s +$$

$$A_i^{n+1} + \frac{\Delta t Q_i^{n+1}}{\Delta x_{i-1}} \tag{6-25}$$

当上游干流、支流进口断面含沙量已知时,根据式(6-25)可自上而下地依次推求其所在计算河段中所有计算断面的含沙量。

在计算完所有断面的含沙量之后,便可进行河床变形计算。

6.2.4 河床变形方程

采用上述不平衡输沙模式计算由悬移质泥沙运动引起的河床变形方程,则河床变形方程可表示为

$$\rho' \frac{\partial Z_d}{\partial t} = \sum_{k=1}^{N_s} K_{sk} \alpha_{*k} \omega_k (f_{1k} S_k - S_k^*)$$

$$\frac{\partial Z_{bij}}{\partial t} = \frac{K_{sij} \alpha_{*ij} \omega_{sij}}{\gamma_0} (f_{sij} S_{ij} - S_{ij}^*) = 0$$

式中:Z_{bij} 为河床冲淤厚度;γ_0 为淤积物的干容重;N_s 为悬移质泥沙的最大粒径组数。

差分格式为

$$Z_{bij}^{n+1} = Z_{bij}^n + \Delta t \frac{K_{sij} \alpha_{*ij} \omega_{sij}^{n+1}}{\gamma_0} (f_{sij} S_{ij}^{n+1} - S_{ij}^{*n+1})$$

6.2.5 几个基本问题的处理

6.2.5.1 水流挟沙力

水流挟沙力公式及其参数的合理选取,直接影响到河床冲淤变形计算的可靠性和精度以及对水流条件的反馈,是泥沙冲淤变形计算中的关键。该模型选用目前应用较广、考虑因素较全面的张红武挟沙力公式(该公式充分考虑了含沙量对挟沙力的影响,计算得到的挟沙力包括全部悬移质泥沙在内,不需人为对床沙质及冲泻质进行划分。与其他公式相比,具有较高的计算精度,且在计算过程中不需要对水流挟沙力公式的系数和指数进行调整,因此在数学模型计算中具有明显的优势)进行计算

$$S^* = 2.5 \left[\frac{(0.0022 + S_V) v^3}{k \frac{\gamma_s - \gamma_m}{\gamma_m} g h \omega_s} \ln \left(\frac{H}{6 D_{50}} \right) \right]^{0.62}$$

式中:S_V 为以体积计的含沙量;v 为断面垂线流速;k、ω_s、γ_m 和 γ_s 分别为浑水卡门常数、泥沙在浑水中的群体沉降速度、浑水容重及泥沙容重;D_{50} 为床沙中值粒径。

其中

$$\omega_s = \omega_0 \left[\left(1 - \frac{S_V}{2.25\sqrt{d_{50}}} \right)^{3.5} (1 - 1.25 S_V) \right], \gamma_m = \gamma + \left(1 - \frac{\gamma}{\gamma_s} \right) S, S_V = \frac{\text{泥沙所占体积}}{\text{浑水的体积}}, S =$$

$\frac{\text{泥沙所占重量}}{\text{浑水的体积}}$，其中 ω_0 为非均匀沙在清水中的沉降速度

$$\omega_0 = 2.6 (d_{cp}/d_{50})^{0.3} \omega_{cp} \exp(-635 d_{cp}^{0.7})$$

式中：ω_{cp} 为粒径为 d_{cp} 的均匀沙清水沉降速度。

其中，$d_{50}/d_{cp} = (d_{50}^{1.5}\sqrt{g}/\nu_m)/\exp(5 S_V^{1.5})$，$\nu_m$ 为浑水运动黏滞系数，可采用如下公式计算：$\nu/\nu_m = [1 - S_V/(2.25\sqrt{d_{50}})]^{1.1}$，$\nu$ 为清水运动黏滞系数。

当沙粒雷诺数 $Re = \omega D/\nu$ 小于 0.4 时，球体的沉降速度公式为

$$\omega_0 = \frac{1}{18} \frac{\gamma_s - \gamma}{\gamma} \frac{g D^2}{\nu}$$

在常温下，相应的球体直径为 0.076 mm，亦即通过 200 号筛孔的圆球，其沉降速度都可以按斯托克斯定律估算。

鉴于 $Re > 1 \times 10^3$ 以后阻力系数的变化很小，所以一般以 $Re = 1 \times 10^3$ 为临界值。在 $Re = (0.4 \sim 1) \times 10^3$ 范围内，惯性力与黏性力均有一定作用，鲁比及我国武汉大学水利水电学院曾导出如下公式

$$\omega_0 = -4 \frac{k_2}{k_1} \frac{\nu}{D} + \sqrt{\left(4 \frac{k_2}{k_1} \frac{\nu}{D} \right)^2 + \frac{4}{3 k_1} \frac{\gamma_s - \gamma}{\gamma} g D}$$

对于天然泥沙来说，鲁比的 k_1、k_2 分别为 2 和 3；武汉大学水利水电学院的 k_1、k_2 分别为 1.22 和 4.27（一般取 $\gamma_s = 2.65$，$\nu = 0.011$ cm^2/s）。

而当 $Re > 1 \times 10^3$，黏滞力可以不计。此时，$\omega_0 = 1.72 \sqrt{\frac{\gamma_s - \gamma}{\gamma} g D}$，球体沉降速度与粒径的平方根成正比。

6.2.5.2 河床糙率的模拟

为使模型计算既能反映水力泥沙因子的变化对摩阻特性的影响，又能反映天然河道中各种附加糙率的影响，采用赵连军、张洪武等研究所得公式计算河道糙率

$$n = \frac{H^{1/6}}{\sqrt{g}} \left\{ \frac{c_n \frac{\delta_*}{H}}{0.49 \left(\frac{\delta_*}{H} \right)^{0.77} + \frac{3\pi}{8} \left(1 - \frac{\delta_*}{H} \right) \left[\sin\left(\frac{\delta_*}{H} \right)^{0.2} \right]^5} \right\}$$

式中：δ_* 为摩阻坡度，河滩上 δ_* 即为当量粗糙度，可根据滩地植被等情况，由水力学计算手册查得；而在主槽内，黄河沙波尺度及沙波波速对摩阻特性有较大的影响，这里借用赵连军等根据动床模型试验资料建立的黄河下游河道摩阻厚度 δ_* 与 Froude 数 Fr（$Fr = v/\sqrt{gH}$）等因子之间的经验关系，即

$$\delta_* = D_{50} \left\{ 1 + 10^{[8.1 - 13 Fr^{0.5}(1 - Fr^3)]} \right\}$$

6.2.5.3 悬移质泥沙与床沙交换模拟方法

根据赵连军等的研究成果，目前大家常用的通过计算分组挟沙力来模拟悬沙与床沙

交换的方法在理论上尚不完善,因此选用一种新的方法模拟悬沙与床沙的交换过程。赵连军等通过对许多河流的泥沙级配分析发现,天然河道的泥沙组成是长期水流分选作用的结果,这种分选作用与水流的紊动密切相关。从泥沙颗粒在紊动水流条件下的受力分析入手,建立了由泥沙特征粒径描述的悬移质泥沙或细颗粒床沙的级配计算公式

$$
\left.
\begin{aligned}
&P(d_i) = 2\Phi[0.675(d_i/d_{50})^n] - 1 \\
&n = 0.42[\tan(1.49 d_{50}/d_{cp})]^{0.61} + 0.143 \quad (*) \\
&\xi_d = 0.92\exp(0.54/n^{1.1}) d_{cp}^2
\end{aligned}
\right\}
\tag{6-26}
$$

式中:$P(d_i)$ 为粒径小于 d_i 的泥沙所占的质量比;d_{50} 为泥沙中值粒径;d_{cp} 为泥沙平均粒径;ξ_d 为泥沙粒径分布的二阶圆心距,表征泥沙组成的非均匀度;n 为指数;Φ 为正态分布函数。

由式(6-26)可知,变量 d_{50}、d_{cp} 和 ξ_d 已知任意两个,泥沙级配曲线就可以确定下来。该泥沙级配计算公式通过大量天然实测资料验证,计算值与实测值基本吻合。

于是设想可以计算出河床冲淤变形引起的泥沙 d_{50}、d_{cp} 或 ξ_d 的变化,再根据式(6-23)计算泥沙级配的变化。赵连军从一维非恒定挟沙水流河床冲淤过程中任一粒径组的泥沙质量守恒入手,经理论推导,建立了冲积河流一维非恒定流悬沙与床沙交换计算的基本方程,即

$$
\frac{\partial(QSd_{cp})}{\partial x} + \frac{\partial(ASd_{cp})}{\partial t} + \gamma_0 \frac{\partial(A_0 d_c)}{\partial t} - d_1 S_1 q_1 = 0
$$

$$
\frac{\partial(QS\xi_d)}{\partial x} + \frac{\partial(AS\xi_d)}{\partial t} + \gamma_0 \frac{\partial(A_0 \xi_c)}{\partial t} - \xi_1 S_1 q_1 = 0
$$

$$
\frac{\partial(D_{cp})}{\partial t} = \frac{d_c - D_{cp}}{H_c} \frac{\partial Z_b}{\partial t}
$$

$$
\frac{\partial(\xi_D)}{\partial t} = \frac{\xi_c - \xi_D}{H_c} \frac{\partial Z_b}{\partial t}
$$

式中:A_0 为横断面冲淤面积;D_{50} 为床沙中值粒径;D_{cp} 为床沙平均粒径;ξ_D 为床沙粒径分布的二阶圆心距;d_1、ξ_1 分别为侧向入流泥沙平均粒径、泥沙粒径的二阶圆心距;H_c 为床沙混合厚度。

冲淤物平均粒径 d_c 根据河床冲淤情况采用下述公式计算:

淤积时

$$
d_c = \left(\frac{\Delta Z_b \gamma_0}{Sh}\right)^{d_{cp}/(d_{ph}-d_{cp})} d_{cp} + \left[1 - \left(\frac{\Delta Z_b \gamma_0}{Sh}\right)^{d_{cp}/(d_{ph}-d_{cp})}\right] d_{ph}
$$

冲刷时

当 $d_f \leqslant d_{ph}$ 时

$$
d_c = d_f
$$

当 $d_f > d_{ph}$ 时

$$
d_c = \left(\frac{|\Delta Z_b|}{H_c}\right)^{(D''-d_f)/(d_f-d_{ph})} d_f + \left[\left(1 - \frac{|\Delta Z_b|}{H_c}\right)^{(D''-d_f)/(d_f-d_{ph})}\right] d_{ph}
$$

$$
\frac{|\Delta Z_b|}{H_c} = \frac{\omega_{cp}}{\omega_{fp}}\exp[635(d_f^{0.7} - d_c^{0.7})]\left(1 - f_1 \frac{S}{S_*}\right)
$$

式中:ΔZ_b 为河床冲淤厚度(正为淤,负为冲);H_c 为床沙与水流直接接触分选层,即最大可能冲刷层,定义为直接交换层;d_f 为受此刻水流作用能够扬起变为悬沙的那部分混合沙平均粒径;ω_{cp}、ω_{fp} 分别为粒径等于 d_c、d_f 的均匀沙的清水沉降速度;D'' 为河床遭受强烈冲刷后剩余部分床沙的平均粒径,对于黄河下游可取 $D'' = (2 \sim 2.5)D_{cp}$;d_{ph} 为河床冲淤平衡时冲淤物平均粒径,d_{ph}、d_f 的具体计算方法,可参见武汉大学硕士学位论文《冲积河流悬移质泥沙和床沙级配及其交换规律研究》(赵连军)。

对于冲淤物粒径二阶圆心距 ξ_c 的变化规律,在理论上分析比较困难。因 d_c、d_{50c}(冲淤物中值粒径)与 ξ_c 三者之间仍符合函数关系式(6-26),故可先求出 d_{50c} 的变化,而后确定 ξ_c 的值。悬沙在随着河床冲刷和淤积而发生粗化与细化的过程中,d_{50} 的变化规律在定性上与 d_{cp} 是一致的,为此可采用 d_{cp} 的公式形式近似作为 d_{50} 变化规律的计算公式。

6.2.5.4 床沙粒径调整计算

在床沙粒径调整计算方面,仿照韦直林的处理方法,将河床物概化为表层、中层和底层三层,混合层即为所概化的表层。在具体计算时,规定在每一时段内,各层间的界面都固定不变,泥沙交换限制在表层内进行,中层及底层暂时不受影响。在时段末,根据床面的冲刷或淤积,往下或往上移动表层和中层,保持这两层的厚度不变,而令底层厚度随冲淤厚度的大小而变化。

6.2.6 定解条件

6.2.6.1 初始条件

初始条件主要包括初始时刻(0),计算河段所有断面的水位、流量、糙率及含沙量等的初始值,即 Z_i^0、Q_i^0、n_i^0 及 S_i^0 等,可根据实测资料或一维恒定流模型计算给出。

6.2.6.2 边界条件

对于有支流汇入的河段,计算中不应对每一条单一河段单独提出外边界条件。对于整个河段而言,其外边界条件为上游进口(包括干流和支流)流量、含沙量过程,下游出口水位过程或水位—流量关系。

6.2.7 数学模型的计算河段概化

6.2.7.1 计算任务要求

1)宁夏引黄灌区引水对石嘴山水文断面水沙变化的影响分析

分析沙坡头灌区(卫宁灌区)、青铜峡灌区引水引沙过程、退水退沙过程对石嘴山水文断面水沙过程的影响,分析沙坡头灌区、青铜峡灌区引退水与石嘴山断面水沙变化之间的相互关系。

2)宁蒙引黄灌区对三湖河口水文断面水沙条件的影响分析

三湖河口断面以下河段水沙变化主要受宁蒙灌区引水影响。分析宁蒙灌区引退水过程对三湖河口断面水沙过程影响,分析宁蒙灌区引水、退水与三湖河口水沙变化之间的相互关系。

3)三湖河口—头道拐区间水沙输移

三湖河口—头道拐区间主要有十大孔兑的来水来沙入流、昆都仑河和武当沟的来流,出流主要包括镫口扬水站的扬水量。

6.2.7.2　计算区域和时段

计算区域为黄河干流上游下河沿—头道拐河段,该河段沿岸有宁蒙灌区的引水、退水及若干支流汇入。本模型同时模拟黄河干流的水沙演进过程,各汇入点、引水口作为内边界处理。上边界条件为下河沿进口控制水量,下边界条件为头道拐站出口控制水位。

计算时段为 1 年,空间步长 5 km,时间步长 10 min。原始大断面资料采用 1997 ~ 2006 年汛前实测大断面资料。

6.2.7.3　河道模拟参数概化

建立黄河宁蒙河段一维水沙数学模型需要逐步确定以下参数资料:河底高程,河道比降,底宽,边坡,糙率,上断面流量,下断面水位,区间各灌区引水引沙、退水退沙量,支流来水来沙量。

6.2.7.4　研究河段概化

为便于计算,将研究河段概化为四部分,即卫宁灌区段,概化引水节点 8 个;青铜峡灌区段,概化引水节点 18 个(含青铜峡水库);河套灌区段,概化引水节点 5 个;十大孔兑段,概化引水节点 7 个。各节点位置见图 6-13 ~ 图 6-17。

图 6-13　总体河段示意图

图 6-14　卫宁灌区段示意图

图 6-15　青铜峡灌区段示意图

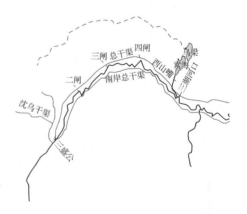

图 6-16　河套灌区段示意图

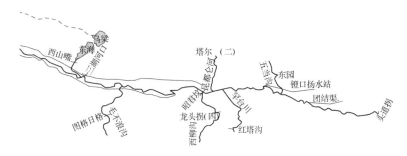

图 6-17　十大孔兑段示意图

6.2.8　模型的率定与验证

依据下河沿—头道拐河段 1997～2002 年的原始资料分河段对模型参数进行率定,用 2003～2006 年资料对率定参数进行检验。参数率定成果见表 6-12。

表 6-12　一维水沙数学模型参数率定成果

河段	比降	边坡	糙率
下河沿—青铜峡	0.000 77	1:6.24	0.028
青铜峡—石嘴山	0.000 24	1:5.94	0.028
石嘴山—巴彦高勒	0.000 27	1:18.5	0.030
巴彦高勒—三湖河口	0.000 19	1:27.88	0.030
三湖河口—头道拐	0.000 07	1:6.06	0.025

将 2003～2006 年下河沿站逐日流量、含沙量,石嘴山站、三湖河口站、头道拐站逐日水位和各区间内逐日引退水流量,引退水含沙量资料输入数学模型,并同时考虑青铜峡水库的水位—库容变化。经过运算,分别得到 2003～2006 年石嘴山站、三湖河口站、头道拐站逐日流量,逐月沙量过程。模拟结果均值与实测均值绘图如图 6-18～图 6-23 所示。

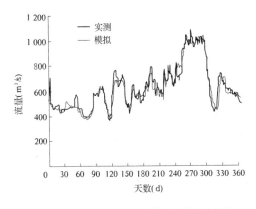

图 6-18　石嘴山站流量模拟与实测过程

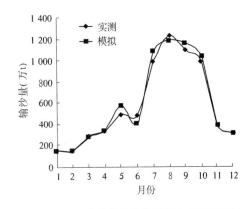

图 6-19　石嘴山站输沙量模拟与实测过程

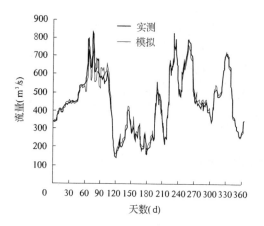

图 6-20 三湖河口站流量模拟与实测过程

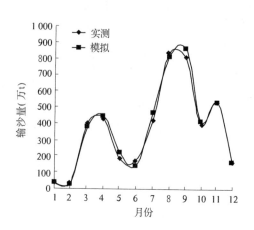

图 6-21 三湖河口站输沙量模拟与实测过程

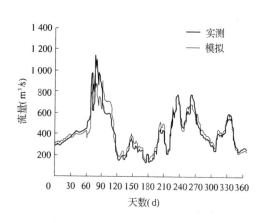

图 6-22 头道拐站流量模拟与实测过程

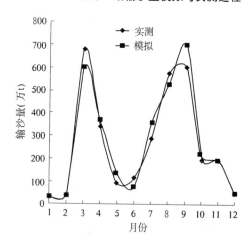

图 6-23 头道拐站输沙量模拟与实测过程

模拟的出口流量过程线与相应实测过程线拟合程度高于输沙量;模拟河段越长,输沙量模拟过程与实测过程拟合程度越差,但计算模拟水沙运动特性与实测特性基本一致,模拟值与实测值相对误差最大不超过10%(见表6-13)。考虑到河道水面蒸发、降雨、十大孔兑入黄沙量年际变化较大等诸多影响因素,可以认为本模型能够较好地模拟出该河段的水流泥沙演进过程。

表 6-13 1997~2006 年石嘴山、三湖河口、头道拐站月流量模拟误差 （%）

断面	各月模拟结果误差											
	1 月	2 月	3 月	4 月	5 月	6 月	7 月	8 月	9 月	10 月	11 月	12 月
石嘴山	2.0	-1.0	-4.0	4.0	5.0	2.0	6.0	-1.0	-2.0	2.0	0	-1.0
三湖河口	2.0	-1.0	-5.0	4.0	4.0	2.0	5.0	-1.0	-2.0	2.0	0	-1.0
头道拐	3.0	-1.0	-8.0	7.0	5.0	3.0	5.0	-1.0	-3.0	3.0	0	-1.0

第7章 灌区引水对径流的影响

利用1997～2006年宁蒙河段水文资料和灌区引水、退水资料等,分别分析下—石区间引水对石嘴山断面径流的影响、石—三区间引水和下—三区间引水对三湖河口断面径流的影响、石—头区间引水和下—头区间引水对头道拐断面径流的影响。

7.1 宁夏灌区引水对石嘴山断面径流的影响

宁夏灌区位于下—石河段,因而对比下河沿、石嘴山的径流变化,可对宁夏灌区引水造成干流径流的变化作用进行分析。表7-1是运用不同方法分析得出的1997～2006年下—石区间引水对石嘴山断面径流变化影响的分析结果,可以看出:

表7-1 下—石区间引水对石嘴山断面径流的影响

分析方法	指标	不同时段减引水									
		4月	5月	6月	7月	8月	9月	10月	11月	引水期	汛期
上下断面径流量关系法	引水量(亿m³)	5.83	15.60	14.43	13.94	11.16	2.97	2.20	9.76	75.89	30.27
	净引水量(亿m³)	4.27	9.17	7.98	7.16	4.95	-0.07	0.87	5.14	39.47	12.90
月关系法	减水量(亿m³)	2.79	10.18	8.21	6.32	3.56	0.47	0.40	4.46	36.39	10.74
	减引比	0.48	0.65	0.57	0.45	0.32	0.16	0.18	0.46	0.48	0.35
	净减引比	0.65	1.11	1.03	0.88	0.72	-6.71	0.46	0.87	0.92	0.83
引水分级法	减水量(亿m³)	4.30	9.40	6.58	6.58	6.58	0.98	0.97	4.21	39.60	15.11
	减引比	0.74	0.60	0.46	0.47	0.59	0.33	0.44	0.43	0.52	0.50
	净减引比	1.01	1.03	0.82	0.92	1.33	-14.03	1.12	0.82	1.00	1.17
一维数学模型	减水量(亿m³)	3.49	8.58	7.82	5.14	4.40	0.38	0.96	4.93	35.70	10.88
	减引比	0.60	0.55	0.54	0.37	0.39	0.13	0.44	0.50	0.47	0.36
	净减引比	0.82	0.94	0.98	0.72	0.89	-5.50	1.11	0.96	0.90	0.84
多元回归法	减水量(亿m³)	2.79	8.57	7.90	7.60	5.93	1.00	0.50	5.13	39.42	15.03
	减引比	0.48	0.55	0.55	0.55	0.53	0.34	0.23	0.53	0.52	0.50
	净减引比	0.65	0.93	0.99	1.06	1.20	-14.22	0.58	1.00	1.00	1.16
断面径流量差法	减水量(亿m³)	2.64	8.50	7.76	7.49	5.83	1.03	0.62	4.97	38.84	14.97
	减引比	0.45	0.54	0.54	0.54	0.52	0.35	0.28	0.51	0.51	0.49
	净减引比	0.62	0.93	0.97	1.05	1.18	-14.70	0.71	0.97	0.98	1.16

近 10 年,下—石区间引水量 75.89 亿 m³,净引水量 39.47 亿 m³,石嘴山断面径流减少量为 35.70 亿~39.60 亿 m³,区间引水引起石嘴山断面的径流减少量与引水量的比值(简称减引比)为 0.47~0.52,石嘴山断面的径流减少量与区间净引水量的比值(简称净减引比)为 0.90~1.00。

汛期区间引水量 30.27 亿 m³,净引水量 12.90 亿 m³,石嘴山断面同期径流减少量为 10.74 亿~15.11 亿 m³,汛期减引比为 0.35~0.50,净减引比为 0.83~1.17。

从引水造成各月径流量减少情况看,不同方法估算结果均为:下—石区间引水量最大的 5 月石嘴山断面径流量减少最多,其次是 6 月、7 月,在引水量较小的 9 月、10 月径流减少量也较小,见图 7-1。

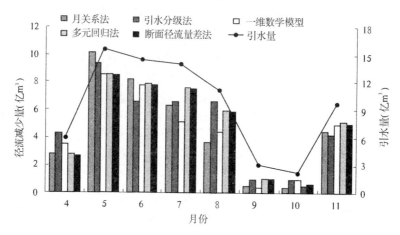

图 7-1 下—石区间引水造成石嘴山断面月径流减少量

7.2 内蒙古河套灌区引水对三湖河口断面径流的影响

内蒙古河套灌区和南岸灌区为内蒙古的两大引黄灌区,其设计灌溉面积占内蒙古引黄灌区的 86%,年均引水量占内蒙古灌区引水量的 95%。石嘴山和三湖河口分别为内蒙古河套灌区和南岸灌区所在河段的进出口断面,因此以石—三区间径流变化分析内蒙古两大引黄灌区引水的影响。

从不同方法的分析结果(见表 7-2)可以看出,1997~2006 年石—三区间平均引水量 60.94 亿 m³,净引水量 51.62 亿 m³,引水造成三湖河口断面径流减少量为 46.10 亿~50.99 亿 m³,减引比为 0.76~0.84,净减引比为 0.89~0.99。汛期区间引水量 37.75 亿 m³,净引水量 32.36 亿 m³,三湖河口断面同期径流减少量为 26.78 亿~32.59 亿 m³,相应减引比为 0.71~0.86,净减引比为 0.83~1.01。

从引水造成各月径流量减少情况看,不同方法估算结果均为:引水量较大的 5 月、10 月径流量减少较多,其次是 6 月、7 月、9 月,在引水量较小的 4 月、8 月、11 月,径流减少量也最小,见图 7-2。

表 7-2 石一三区间引水对三湖河口断面径流的影响

分析方法	指标		不同时段减引水								
			4 月	5 月	6 月	7 月	8 月	9 月	10 月	11 月	引水期	汛期
上下断面径流量关系法		引水量（亿 m³）	3.12	10.97	8.48	8.94	3.81	9.52	15.48	0.62	60.94	37.75
		净引水量（亿 m³）	2.47	9.39	7.14	7.39	2.72	7.11	15.14	0.26	51.62	32.36
	月关系法	减水量（亿 m³）	0.72	9.46	7.81	8.40	4.30	6.40	11.90	1.63	50.62	31.00
		减引比	0.23	0.86	0.92	0.94	1.13	0.67	0.77	2.63	0.83	0.82
		净减引比	0.29	1.01	1.09	1.14	1.58	0.90	0.79	6.27	0.98	0.96
	引水分级法	减水量（亿 m³）	1.59	10.52	7.22	7.16	1.76	7.01	10.84	0	46.10	26.78
		减引比	0.51	0.96	0.85	0.80	0.46	0.74	0.70	0	0.76	0.71
		净减引比	0.64	1.12	1.01	0.97	0.65	0.99	0.72	0	0.89	0.83
	一维数学模型	减水量（亿 m³）	1.37	9.88	7.79	8.11	3.82	6.57	10.96	2.26	50.76	29.46
		减引比	0.44	0.90	0.92	0.91	1.00	0.69	0.71	3.65	0.83	0.78
		净减引比	0.55	1.05	1.09	1.10	1.40	0.92	0.72	8.69	0.98	0.91
	多元回归法	减水量（亿 m³）	2.03	9.58	7.18	7.63	2.72	8.24	13.97	-0.36	50.99	32.56
		减引比	0.65	0.87	0.85	0.85	0.71	0.87	0.90	-0.58	0.84	0.86
		净减引比	0.82	1.02	1.01	1.03	1.00	1.16	0.92	-1.38	0.99	1.01
	断面径流量差法	减水量（亿 m³）	1.93	9.62	7.17	7.63	2.64	8.24	14.07	-0.50	50.80	32.59
		减引比	0.62	0.88	0.85	0.85	0.69	0.87	0.91	-0.81	0.83	0.86
		净减引比	0.78	1.02	1.00	1.03	0.97	1.16	0.93	-1.92	0.98	1.01

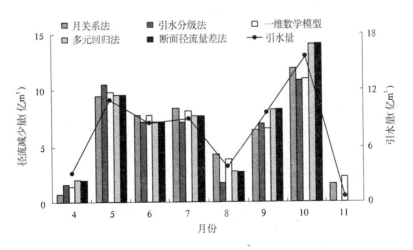

图 7-2 石一三区间引水造成石嘴山断面月径流减少量

7.3 内蒙古灌区引水对头道拐断面径流变化的影响

石嘴山和头道拐水文断面分别是内蒙古灌区的进出口控制断面,因而分析石—头区间径流变化可了解内蒙古灌区引水的影响。

在1997~2006年石—头区间平均引水量64.06亿 m^3,净引水量54.74亿 m^3 的情况下,引水造成的头道拐断面径流减少量为51.04亿~54.29亿 m^3,减引比为0.80~0.85,净减引比为0.93~0.99。汛期区间引水量39亿 m^3,净引水量33.62亿 m^3,头道拐断面同期径流减少量为30.03亿~33.61亿 m^3,汛期减引比为0.77~0.86,净减引比为0.89~1.00,见表7-3、图7-3。

表7-3 石—头区间引水导致头道拐断面径流减少量

分析方法	指标	不同时段减引水									
		4月	5月	6月	7月	8月	9月	10月	11月	引水期	汛期
上下断面径流量关系法	引水量(亿 m^3)	3.42	11.42	9.03	9.04	3.85	9.56	16.55	1.19	64.06	39
	净引水量(亿 m^3)	2.76	9.84	7.7	7.49	2.76	7.16	16.21	0.82	54.74	33.62
	月关系法 减水量(亿 m^3)	−0.36	9.48	8.40	8.69	4.60	5.77	12.72	3.17	52.47	31.77
	减引比	−0.11	0.83	0.93	0.96	1.19	0.60	0.77	2.66	0.82	0.81
	净减引比	−0.13	0.96	1.09	1.16	1.67	0.81	0.78	3.87	0.96	0.94
	引水分级法 减水量(亿 m^3)	1.85	10.06	7.17	7.04	2.07	6.76	14.15	1.94	51.04	30.03
	减引比	0.54	0.88	0.79	0.78	0.54	0.71	0.85	1.63	0.80	0.77
	净减引比	0.67	1.02	0.93	0.94	0.75	0.94	0.87	2.36	0.93	0.89
	一维数学模型 减水量(亿 m^3)	0.49	10.46	8.59	8.77	4.67	6.96	12.07	2.28	54.29	32.47
	减引比	0.14	0.92	0.95	0.97	1.21	0.73	0.73	1.92	0.85	0.83
	净减引比	0.18	1.06	1.12	1.17	1.69	0.97	0.74	2.78	0.99	0.97
	多元回归法 减水量(亿 m^3)	2.47	10.02	7.79	7.77	2.83	8.20	14.82	0.33	54.23	33.61
	减引比	0.72	0.88	0.86	0.86	0.73	0.86	0.90	0.28	0.85	0.86
	净减引比	0.89	1.02	1.01	1.04	1.02	1.14	0.91	0.40	0.99	1.00
	断面径流量差法 减水量(亿 m^3)	2.37	9.90	7.63	7.67	2.84	8.25	14.81	0.32	53.79	33.58
	减引比	0.69	0.87	0.84	0.85	0.74	0.86	0.89	0.27	0.84	0.86
	净减引比	0.86	1.01	0.99	1.02	1.03	1.15	0.91	0.39	0.98	1.00

从表7-3和图7-3可以看出,采用不同方法估算的内蒙古灌区引水造成月径流减少量中,引水量最大的10月径流量减少最多,其次是5月,在引水量较小的4月、8月、11

月,径流减少量也相应较小。

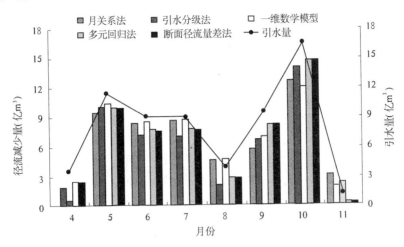

图7-3　石—头区间引水造成石嘴山断面月径流减少量

7.4　宁蒙河套灌区引水对三湖河口断面径流的影响

宁蒙河套灌区的进出口断面分别为下河沿和三湖河口,因而分析下—三区间径流变化可了解宁蒙河套灌区引水的影响。

不同方法的估算结果均表明,下—三区间灌区引水造成各月径流量减少情况为:5月径流量减少最多,其次是6月、7月,4月、11月径流减少量相对较小,见图7-4。

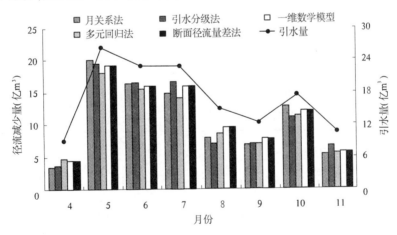

图7-4　下—三区间引水造成石嘴山断面月径流减少量

1997~2006年下—三区间平均引水量136.82亿 m³,净引水量91.09亿 m³,不同方法得出的三湖河口断面径流减少量为85.02亿~90.86亿 m³,减引比为0.62~0.66,净减引比为0.93~1.00。汛期区间引水量68.01亿 m³,净引水量45.26亿 m³,三湖河口断面同期径流减少量为41.10亿~45.54亿 m³,相应减引比为0.60~0.67,净减引比为0.91~1.01,见表7-4。

表7-4 下一三区间引水对三湖河口断面径流的影响

分析方法	指标		不同时段减引水									
			4月	5月	6月	7月	8月	9月	10月	11月	引水期	汛期
上下断面径流量关系法		引水量（亿 m³）	8.96	26.56	22.90	22.88	14.97	12.48	17.69	10.38	136.82	68.01
		净引水量（亿 m³）	6.74	18.56	15.14	14.54	7.67	7.04	16.01	5.39	91.09	45.26
	月关系法	减水量（亿 m³）	3.44	20.03	16.43	14.92	7.88	6.86	12.85	5.42	87.83	42.51
		减引比	0.38	0.75	0.72	0.65	0.53	0.55	0.73	0.52	0.64	0.63
		净减引比	0.51	1.08	1.09	1.03	1.03	0.97	0.80	1.01	0.96	0.94
	引水分级法	减水量（亿 m³）	3.66	19.51	16.57	16.61	7.04	7.10	11.07	6.67	88.23	41.83
		减引比	0.41	0.73	0.72	0.73	0.47	0.57	0.63	0.64	0.64	0.62
		净减引比	0.54	1.05	1.09	1.14	0.92	1.01	0.69	1.24	0.97	0.92
	一维数学模型	减水量（亿 m³）	4.76	18.09	15.56	14.22	8.52	7.05	11.31	5.51	85.02	41.10
		减引比	0.53	0.68	0.68	0.62	0.57	0.56	0.64	0.53	0.62	0.60
		净减引比	0.71	0.97	1.03	0.98	1.11	1.00	0.71	1.02	0.93	0.91
	多元回归法	减水量（亿 m³）	4.41	19.18	15.95	16.00	9.64	7.71	12.09	5.72	90.70	45.45
		减引比	0.49	0.72	0.70	0.70	0.64	0.62	0.68	0.55	0.66	0.67
		净减引比	0.65	1.03	1.05	1.10	1.26	1.10	0.76	1.06	1.00	1.00
	断面径流量差法	减水量（亿 m³）	4.41	19.20	15.97	16.02	9.67	7.74	12.12	5.73	90.86	45.54
		减引比	0.49	0.72	0.70	0.70	0.65	0.62	0.69	0.55	0.66	0.67
		净减引比	0.65	1.03	1.05	1.10	1.26	1.10	0.76	1.06	1.00	1.01

7.5 宁蒙灌区引水对头道拐断面径流的影响

宁蒙灌区的进出口断面分别为下河沿和头道拐,因而分析下一头区间径流变化可了解宁蒙灌区引水的影响。

1997～2006 年下一头区间平均引水 139.95 亿 m³,净引水 94.23 亿 m³,不同方法得出的头道拐断面径流减少量为 89.59 亿～97.15 亿 m³,减引比为 0.64～0.69,净减引比为 0.95～1.03。汛期区间引水量 69.28 亿 m³,净引水量 46.53 亿 m³,头道拐断面同期径流减少量为 43.67 亿～48.85 亿 m³,汛期减引比为 0.63～0.71,净减引比为 0.94～1.05,见表7-5。

表 7-5　下—头区间引水导致头道拐断面径流减少量

分析方法	指标	不同时段减引水									
		4 月	5 月	6 月	7 月	8 月	9 月	10 月	11 月	引水期	汛期
上下断面径流量关系法	引水量（亿 m³）	9.25	27.01	23.46	22.98	15.01	12.53	18.76	10.95	139.95	69.28
	净引水量（亿 m³）	7.04	19.01	15.69	14.65	7.71	7.09	17.08	5.96	94.23	46.53
	月关系法 减水量（亿 m³）	1.25	20.81	17.19	15.42	7.89	6.42	13.95	6.66	89.59	43.67
	减引比	0.13	0.77	0.73	0.67	0.53	0.51	0.74	0.61	0.64	0.63
	净减引比	0.18	1.09	1.10	1.05	1.02	0.90	0.82	1.12	0.95	0.94
	引水分级法 减水量（亿 m³）	2.32	19.96	16.65	16.90	10.99	7.56	11.93	6.54	92.85	47.38
	减引比	0.25	0.74	0.71	0.74	0.73	0.60	0.64	0.60	0.66	0.68
	净减引比	0.33	1.05	1.06	1.15	1.43	1.07	0.70	1.10	0.99	1.02
	一维数学模型 减水量（亿 m³）	3.52	19.01	16.80	17.17	10.18	7.95	13.56	8.96	97.15	48.85
	减引比	0.38	0.70	0.72	0.75	0.68	0.63	0.72	0.82	0.69	0.71
	净减引比	0.50	1.00	1.07	1.17	1.32	1.12	0.79	1.50	1.03	1.05
	多元回归法 减水量（亿 m³）	3.18	20.81	16.74	16.58	9.62	7.67	13.75	5.23	93.58	47.61
	减引比	0.34	0.77	0.71	0.72	0.64	0.61	0.73	0.48	0.67	0.69
	净减引比	0.45	1.09	1.07	1.13	1.25	1.08	0.81	0.88	0.99	1.02
	断面径流量差法 减水量（亿 m³）	3.40	20.74	16.69	16.56	9.78	7.93	13.90	5.45	94.45	48.18
	减引比	0.37	0.77	0.71	0.72	0.65	0.63	0.74	0.50	0.67	0.70
	净减引比	0.48	1.09	1.06	1.13	1.27	1.12	0.81	0.91	1.00	1.04

从不同方法估算结果看,在宁蒙灌区引水量较大的 5 月、6 月、7 月引水造成头道拐断面月径流减少量较多,在引水量最小的 4 月径流减少量也最少,见图 7-5。

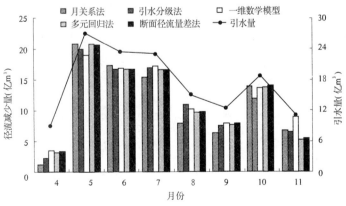

图 7-5　下—头区间引水造成石嘴山断面月径流减少量

7.6 综合分析

7.6.1 不同方法估算结果分析

7.6.1.1 宁蒙灌区引水对径流的影响

不同方法得出的同一河段引水造成的径流减少量的分析结果虽存在差异,但比较接近(见图7-6),因此取各种方法的平均值作为各河段引水造成的径流减少量(见表7-6)。

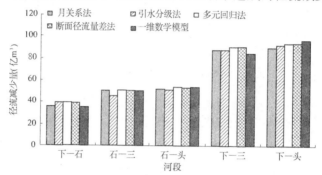

图7-6 宁蒙河段引水造成断面径流减少量的不同方法分析结果对比

表7-6 1997~2006年宁蒙灌区引水对宁蒙干流径流影响分析结果

区间	指标	不同时段减引水									
		4月	5月	6月	7月	8月	9月	10月	11月	引水期	汛期
下—石	减水量(亿 m³)	3.20	9.04	7.66	6.63	5.26	0.77	0.69	4.74	37.99	13.35
	减引比	0.55	0.58	0.53	0.48	0.47	0.26	0.31	0.49	0.50	0.44
	净减引比	0.75	0.99	0.96	0.93	1.06	−11.03	0.79	0.92	0.96	1.03
石—三	减水量(亿 m³)	1.53	9.81	7.43	7.79	3.05	7.29	12.35	0.61	49.86	30.48
	减引比	0.49	0.89	0.88	0.87	0.80	0.77	0.80	0.98	0.82	0.81
	净减引比	0.62	1.05	1.04	1.05	1.12	1.03	0.82	2.33	0.97	0.94
石—头	减水量(亿 m³)	1.36	9.99	7.92	7.99	3.40	7.19	13.71	1.61	53.17	32.29
	减引比	0.40	0.87	0.88	0.88	0.88	0.75	0.83	1.35	0.83	0.83
	净减引比	0.49	1.01	1.03	1.07	1.23	1.00	0.85	1.96	0.97	0.96
下—三	减水量(亿 m³)	4.14	19.20	16.10	15.55	8.55	7.29	11.89	5.81	88.53	43.29
	减引比	0.46	0.72	0.70	0.68	0.57	0.58	0.67	0.56	0.65	0.64
	净减引比	0.61	1.03	1.06	1.07	1.11	1.04	0.74	1.08	0.97	0.96
下—头	减水量(亿 m³)	2.73	20.26	16.82	16.52	9.69	7.51	13.42	6.57	93.52	47.14
	减引比	0.30	0.75	0.72	0.72	0.65	0.60	0.72	0.60	0.67	0.68
	净减引比	0.39	1.07	1.07	1.13	1.26	1.06	0.79	1.10	0.99	1.01

综合上述分析,近10年各河段区间引水对相应断面径流的影响主要有以下几个

方面。

1) 下—石区间

1997~2006年,下—石区间引水量75.89亿m^3,净引水量39.47亿m^3,受引水影响,石嘴山断面径流量相应减少37.99亿m^3,减引比为0.50,净减引比为0.96。相当于下—石区间每引水1亿m^3,石嘴山断面径流量将减少0.50亿m^3;下—石区间每净引水1亿m^3,石嘴山断面径流量则减少0.96亿m^3。

石嘴山断面月径流减少量为0.69亿~9.04亿m^3,其中5月最大;其次为6月、7月,径流减少量分别为7.66亿m^3、6.63亿m^3;8月和11月的径流减少量在5亿m^3左右;4月径流减少量为3.20亿m^3;9月、10月径流量减少较少,均小于0.8亿m^3。

2) 石—三区间

1997~2006年,石—三区间年均引水量60.94亿m^3,净引水量51.62亿m^3,受引水影响,三湖河口断面径流量减少49.86亿m^3,减引比为0.82,净减引比为0.97。相当于石—三区间每引水1亿m^3,三湖河口断面径流量将减少0.82亿m^3;石—三区间每净引水1亿m^3,三湖河口断面径流量则减少0.97亿m^3。

三湖河口断面月径流减少量为0.61亿~12.35亿m^3,其中10月最大;其次是5月,径流减少量为9.81亿m^3;6月、7月、9月三个月份的径流减少量比较接近,均在7.5m^3亿左右;8月和4月的径流减少量较小,分别为3.05亿m^3、1.53亿m^3;11月径流减少量最小。

3) 石—头区间

1997~2006年,石—头区间平均引水64.06亿m^3,净引水54.74亿m^3,受引水影响,头道拐断面径流量减少53.17亿m^3,减引比为0.83,净减引比为0.97。相当于石—头区间每引水1亿m^3,头道拐断面径流量将减少0.83亿m^3;石—头区间每净引水1亿m^3,头道拐断面径流量则减少0.97亿m^3。

头道拐断面月径流减少量为1.36亿~13.71亿m^3,其中10月最大,其次为5月,径流减少量为9.99亿m^3,6月、7月、9月的径流减少量为7亿~8亿m^3,8月的径流减少量为3.40亿m^3,4月和11月径流减少量较小,均不足2亿m^3。

4) 下—三区间

1997~2006年,下—三区间平均引水136.82亿m^3,净引水91.09亿m^3,受引水影响,三湖河口断面径流量相应减少88.53亿m^3,减引比为0.65,净减引比为0.97。相当于下—三区间每引水1亿m^3,三湖河口断面径流量将减少0.65亿m^3;下—三区间每净引水1亿m^3,三河湖口断面径流量则减少0.97亿m^3。

三湖河口断面月径流减少量为4.14亿~19.20亿m^3,其中5月最大,其次为6月、7月,径流量减少量分别为16.10亿m^3、15.55亿m^3;10月的径流减少量为11.89亿m^3;其他月的径流减少量均小于10亿m^3,径流减少量最小的为4月。

5) 下—头区间

1997~2006年,下—头区间平均引水139.95亿m^3,净引水94.23亿m^3,受引水影响,头道拐断面径流量相应减少93.52亿m^3,减引比为0.67,净减引比为0.99。相当于下—石区间每引水1亿m^3,头道拐断面径流量将减少0.67亿m^3;下—石区间每净引水1

亿 m^3，头道拐断面径流量则减少 0.99 亿 m^3。

头道拐断面月径流减少量为 2.73 亿 ~20.26 亿 m^3，其中 5 月最大，其次为 6 月、7 月，径流减少量分别为 16.82 亿 m^3、16.52 亿 m^3，10 月的径流减少量为 13.42 亿 m^3，其他月的径流减少量则均小于 10 亿 m^3，径流减少量最小的为 4 月。

7.6.1.2 减引比、净减引比

对比不同方法推算的各河段减引比、净减引比（见图 7-7、图 7-8），可以看出：

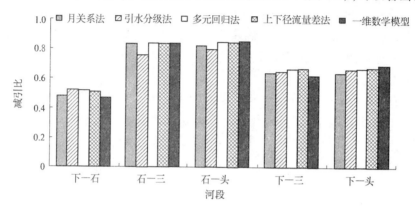

图 7-7　不同方法推算的减引比结果对比

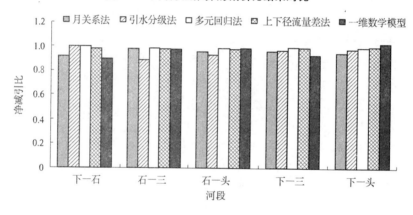

图 7-8　不同方法推算的净减引比结果对比

（1）各河段的减引比均小于其净减引比，净减引比接近于 1。由于宁蒙引黄灌区大引大排的灌溉特点，灌区从黄河干流引出大量水灌溉后，还将有一部分水量退入黄河河道，灌区从河道中取用的水量为其引水量减去退水量后的净引水量。也就是说，灌区引水对河道径流造成的影响主要取决于其净引水量，且灌区引水造成的河道径流减少量与灌区的净引水量基本接近。由于各河段的减引比、净减引比分别为区间引水造成的河段下断面的径流减少量与引水量、净引水量的比值。因此，各河段的减引比均小于其净减引比，净减引比接近于 1。

（2）各河段的净减引比不等于 1。灌区引水对河道径流的影响表现在两个方面：一方面引水直接减少了下游河道径流量；另一方面由于引水后下游河道径流量的减少，致使河道水面减小、水位降低，下游河道的蒸发渗漏量相应减少，该值相对于引水量虽然较小，但

却导致了引水后下游河道的实际径流量必将大于不引水情况下下游河道的径流量减去引水量的差值,于是当灌区从河道里净引水 1 m³ 时,因引水造成的下游河道径流减少量将大于 1 m³,因此净减引比应大于1。

7.6.1.3 减引比、退引比

由分析结果可知,各河段减引比相差较多,其排序结果为:下—石 < 下—三 < 下—头 < 石—三 < 石—头,而从各河段的引退水情况得到下—石、下—三、下—头、石—三、石—头区间的退引比分别为0.480、0.334、0.327、0.153、0.145,各河段退引比排序结果为:下—石 > 下—三 > 下—头 > 石—三 > 石—头。由此可见,减引比与退引比有关,退引比越小,减引比越大。各河段减引比与退引比之和接近于1(见图7-9)。

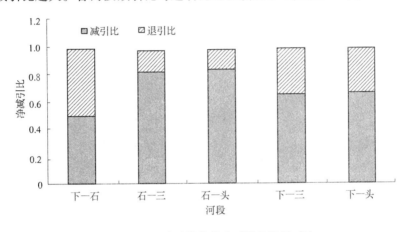

图 7-9 不同方法推算的净减引比结果对比

7.6.2 结论

综合上述对 1997~2006 年各河段灌区引水对黄河干流径流影响的分析,可以得到以下结论:

(1)1997~2006 年,受宁夏灌区引水影响,石嘴山断面径流量减少 37.99 亿 m³,减引比为 0.50,净减引比为 0.96,相当于宁夏灌区每引水 1 亿 m³,石嘴山断面径流量将减少 0.50 亿 m³;每净引水 1 亿 m³,石嘴山断面径流量则减少 0.96 亿 m³。受内蒙古河套灌区和南岸灌区引水影响,三湖河口断面径流量相应减少49.86 亿 m³,减引比为 0.82,净减引比为 0.97,相当于内蒙古河套灌区和南岸灌区每引水 1 亿 m³,石嘴山断面径流量将减少 0.82 亿 m³;每净引水 1 亿 m³,石嘴山断面径流量则减少 0.97 亿 m³。受内蒙古河套灌区引水影响,头道拐断面径流量相应减少53.17 亿 m³,减引比为 0.83,净减引比为 0.97,相当于内蒙古河套灌区每引水 1 亿 m³,石嘴山断面径流量将减少 0.83 亿 m³;每净引水 1 亿 m³,石嘴山断面径流量则减少 0.97 亿 m³。受宁蒙河套灌区引水影响,三湖河口断面径流量平均减少88.53 亿 m³,减引比为 0.65,净减引比为 0.97,也就是说,宁蒙河套灌区每引水 1 亿 m³,三湖河口断面径流量将减少 0.65 亿 m³;每净引水 1 亿 m³,三湖河口断面径流量将减少 0.97 亿 m³。宁蒙灌区引水致使头道拐断面径流量减少93.52 亿 m³,减引比为 0.67,净减引比为 0.99,即宁蒙灌区每引水 1 亿 m³,头道拐断面径流量将减少约 0.67 亿

m^3;每净引水 1 亿 m^3,头道拐断面径流量将减少约 0.99 亿 m^3。

(2)灌区引水对黄河干流径流影响程度主要取决于净引水量的大小,净引水量越大,其对干流径流造成的减少量越大。

(3)灌区引水造成对黄河干流径流的减少量与灌区的退引比有关。同样引水情况下,退引比越小,其对干流径流造成的减少量越大。

第8章　灌区引水对输沙变化的影响

8.1　宁夏灌区引水对石嘴山断面输沙变化的影响

采用不同方法分析 1997～2006 年下—石区间宁夏灌区引水对石嘴山断面输沙变化影响,结果见表 8-1。

表 8-1　下—石区间引水对石嘴山断面输沙变化的影响

分析方法	指标	不同时段引水减沙									
		4月	5月	6月	7月	8月	9月	10月	11月	引水期	汛期
	引水量(亿 m³)	5.83	15.6	14.43	13.94	11.16	2.97	2.2	9.76	75.89	30.27
	净引水量(亿 m³)	4.27	9.17	7.98	7.16	4.95	−0.07	0.87	5.14	39.47	12.90
	净引沙量(万 t)	20	142	262	871	731	43	11	25	2 105	1 656
上下断面输沙关系法	减沙量(万 t)	−11	398	444	1 171	1 091	−34	153	17	3 229	2 381
	引水减沙比	−0.19	2.55	3.08	8.4	9.78	−1.14	6.95	0.17	4.25	7.87
	净引水减沙比	−0.26	4.34	5.56	16.35	22.04	48.57	17.59	0.33	8.18	18.46
水沙关系法	减沙量(万 t)	326	638	532	184	68	−7	82	351	2 174	328
	引水减沙比	5.6	4.09	3.68	1.32	0.61	−0.23	3.72	3.6	2.86	1.08
	净引水减沙比	7.64	6.95	6.65	2.58	1.38	9.96	9.42	6.83	5.51	2.54
一维数学模型	减沙量(万 t)	57	201	309	991	793	−7	59	39	2 442	1 836
	引水减沙比	0.98	1.29	2.14	7.11	7.11	−0.24	2.68	0.41	3.22	6.07
	净引水减沙比	1.34	2.19	3.86	13.85	16.02	10.27	6.77	0.77	6.19	14.23

从表 8-1 中可以看出:在 1997～2006 年引水期平均引水 75.89 亿 m³、净引水 39.47 亿 m³ 条件下,石嘴山断面平均输沙减少量为 2 174 万～3 229 万 t,引水减沙比为 2.86～4.25 kg/m³,净引水减沙比为 5.51～8.18 kg/m³。

汛期下—石区间平均引水 30.27 亿 m³,净引水 12.90 亿 m³,造成石嘴山断面汛期平均输沙减少量为 328 万～2 381 万 t,引水减沙比为 1.08～7.87 kg/m³,净引水减沙比为 2.54～18.46 kg/m³。

8.2　内蒙古河套灌区引水对三湖河口断面输沙变化的影响

采用不同方法分析 1997～2006 年石—三区间内蒙古河套灌区引水对三湖河口断面输沙变化的影响,结果见表 8-2。

经分析,在 1997～2006 年引水期平均引水 60.94 亿 m³、净引水 51.62 亿 m³ 的条件下,三湖河口断面平均减少输沙量为 2 235 万～2 931 万 t,引水减沙比为 3.7～4.8 kg/m³,净引水减沙比为 4.3～5.7 kg/m³。

汛期石—三区间平均引水 37.75 亿 m³,净引水 32.36 亿 m³,造成三湖河口断面汛期平均输沙量减少 1 579 万~1 906 万 t,引水减沙比为 4.2~5.1 kg/m³,净引水减沙比为 4.9~5.9 kg/m³。

表8-2　石—三区间引水对三湖河口断面输沙变化的影响

分析方法	指标	不同时段引水减沙									
		4月	5月	6月	7月	8月	9月	10月	11月	引水期	汛期
	引水量(亿 m³)	3.12	10.97	8.48	8.94	3.81	9.52	15.48	0.62	60.94	37.75
	净引水量(亿 m³)	2.47	9.39	7.14	7.39	2.72	7.11	15.14	0.26	51.62	32.36
	净引沙量(万 t)	38	203	153	301	161	342	585	10	1 793	1 388
上下断面输沙关系法	减沙量(万 t)	188	457	378	422	227	577	680	2	2 931	1 906
	引水减沙比	6.0	4.2	4.5	4.7	6.0	6.1	4.4	0.4	4.8	5.1
	净引水减沙比	7.6	4.9	5.3	5.7	8.4	8.1	4.5	0.9	5.7	5.9
水沙关系法	减沙量(万 t)	−57	421	275	330	20	382	847	17	2 235	1 579
	引水减沙比	−1.8	3.8	3.2	3.7	0.5	4.0	5.5	2.7	3.7	4.2
	净引水减沙比	−2.3	4.5	3.9	4.5	0.7	5.4	5.6	6.6	4.3	4.9
一维数学模型	减沙量(万 t)	108	256	212	411	326	341	655	86	2 395	1 733
	引水减沙比	3.46	2.33	2.50	4.60	8.56	3.58	4.23	13.87	3.93	4.59
	净引水减沙比	4.37	2.73	2.97	5.56	11.99	4.80	4.33	33.08	4.64	5.36

8.3　内蒙古灌区引水对头道拐断面输沙变化的影响

采用不同方法分析 1997~2006 年石—头区间引水对头道拐断面输沙变化影响,结果见表8-3。

表8-3　石—头区间引水对头道拐断面输沙变化的影响

分析方法	指标	不同时段引水减沙									
		4月	5月	6月	7月	8月	9月	10月	11月	引水期	汛期
	引水量(亿 m³)	3.42	11.42	9.03	9.04	3.8	9.56	16.55	1.19	64.06	39.0
	净引水量(亿 m³)	2.76	9.84	7.7	7.49	2.76	7.16	16.21	0.82	54.74	33.62
	净引沙量(万 t)	45	211	162	303	164	344	617	31	1 877	1 429
上下断面输沙关系法	减沙量(万 t)	148	472	421	543	304	705	867	115	3 575	2 419
	引水减沙比	4.3	4.1	4.7	6.0	7.9	7.4	5.2	9.7	5.6	6.2
	净引水减沙比	5.3	4.8	5.5	7.2	11.0	9.8	5.3	14.0	6.5	7.2
水沙关系法	减沙量(万 t)	22	388	258	262	12	452	993	70	2 457	1 720
	引水减沙比	0.6	3.4	2.9	2.9	0.3	4.7	6.0	5.9	3.8	4.4
	净引水减沙比	0.8	3.9	3.4	3.5	0.4	6.3	6.1	8.5	4.5	5.1
一维数学模型	减沙量(万 t)	182	340	308	525	442	490	680	312	3 279	2 137
	引水减沙比	5.3	3.0	3.4	5.8	11.5	5.1	4.1	26.2	5.1	5.5
	净引水减沙比	6.6	3.5	4.0	7.0	16.0	6.8	4.2	38.0	6.0	6.4

从表8-3中可以看出:在 1997~2006 年引水期平均引水 64.06 亿 m³、净引水 54.74 亿 m³ 条件下,头道拐断面平均减少输沙量为 2 457 万~3 575 万 t,引水减沙比为 3.8~

$5.6~\text{kg/m}^3$,净引水减沙比为 $4.5\sim6.5~\text{kg/m}^3$。

汛期石—头区间平均引水 39.0 亿 m^3、净引水 33.62 亿 m^3 造成头道拐断面汛期平均输沙量减少为 $1~720$ 万 $\sim2~419$ 万 t,引水减沙比为 $4.4\sim6.2~\text{kg/m}^3$,净引水减沙比为 $5.1\sim7.2~\text{kg/m}^3$。

8.4 宁蒙河套灌区引水对三湖河口断面输沙变化的影响

采用不同方法分析 $1997\sim2006$ 年下—三区间宁蒙河套灌区引水对三湖河口断面输沙变化影响,结果见表8-4。

表8-4 下—三区间引水对三湖河口断面输沙变化的影响

分析方法	指标	不同时段引水减沙									
		4月	5月	6月	7月	8月	9月	10月	11月	引水期	汛期
	引水量(亿 m^3)	8.96	26.56	22.90	22.88	14.97	12.48	17.69	10.38	136.82	68.01
	净引水量(亿 m^3)	6.74	18.56	15.14	14.54	7.67	7.04	16.01	5.39	91.09	45.26
	净引沙量(万 t)	58	345	415	1172	892	385	595	35	3 897	3 044
上下断面输沙关系法	减沙量(万 t)	100	875	947	1612	993	788	627	165	6 107	4 020
	引水减沙比	1.1	3.3	4.1	7.1	6.6	6.3	3.5	1.6	4.5	5.9
	净引水减沙比	1.5	4.7	6.3	11.1	13.0	11.2	3.9	3.1	6.7	8.9
水沙关系法	减沙量(万 t)	257	1017	781	698	298	363	859	287	4 560	2 218
	引水减沙比	2.9	3.8	3.4	3.1	2.0	2.9	4.9	2.8	3.3	3.3
	净引水减沙比	3.8	5.5	5.2	4.8	3.9	5.2	5.4	5.3	5.0	4.9
一维数学模型	减沙量(万 t)	213	505	418	810	643	673	1 293	171	4 726	3 419
	引水减沙比	2.4	1.9	1.8	3.5	4.3	5.4	7.3	1.6	3.5	5.0
	净引水减沙比	3.2	2.7	2.8	5.6	8.4	9.6	8.1	3.2	5.2	7.6

在 $1997\sim2006$ 年引水期平均引水 136.82 亿 m^3、净引水 91.09 亿 m^3 条件下,三湖河口断面平均减少输沙量为 $4~560$ 万 $\sim6~107$ 万 t,引水减沙比为 $3.3\sim4.5~\text{kg/m}^3$,净引水减沙比为 $5.0\sim6.7~\text{kg/m}^3$。

汛期下—三区间平均引水 68.01 亿 m^3、净引水 45.26 亿 m^3,造成三湖河口断面汛期平均输沙量减少 $2~218$ 万 $\sim4~020$ 万 t,引水减沙比为 $3.3\sim5.9~\text{kg/m}^3$,净引水减沙比为 $4.9\sim8.9~\text{kg/m}^3$。

8.5 宁蒙灌区引水对头道拐断面输沙变化的影响

采用不同方法分析 $1997\sim2006$ 年下—头区间引水对头道拐断面输沙变化影响,结果见表8-5。

在 $1997\sim2006$ 年引水期平均引水 139.95 亿 m^3、净引水 94.23 亿 m^3 条件下,头道拐断面平均减少输沙量为 $5~570$ 万 $\sim6~686$ 万 t,引水减沙比为 $3.98\sim4.78~\text{kg/m}^3$,净引水减沙比为 $5.91\sim7.10~\text{kg/m}^3$。

汛期下—头区间平均引水 69.28 亿 m^3、净引水 46.53 亿 m^3,造成头道拐断面汛期平均减少输沙量为 2 759 万 ~ 4 347 万 t,引水减沙比为 3.98 ~ 6.27 kg/m³,净引水减沙比为 5.93 ~ 9.34 kg/m³。

表 8-5　下—头区间引水对头道拐断面输沙变化的影响

分析方法	指标	不同时段引水减沙									
		4 月	5 月	6 月	7 月	8 月	9 月	10 月	11 月	引水期	汛期
	引水量(亿 m³)	9.25	27.01	23.46	22.98	15.01	12.53	18.76	10.95	139.95	69.28
	净引水量(亿 m³)	7.04	19.01	15.69	14.65	7.71	7.09	17.08	5.96	94.23	46.53
	净引沙量(万 t)	65	352	425	1 174	895	387	628	54	3 980	3 084
上下断面输沙关系法	减沙量(万 t)	259	909	939	1 560	1 228	729	830	232	6 686	4 347
	引水减沙比	2.8	3.36	4	6.79	8.18	5.82	4.42	2.12	4.78	6.27
	净引水减沙比	3.68	4.78	5.98	10.65	15.93	10.28	4.86	3.89	7.10	9.34
水沙关系法	减沙量(万 t)	301	1 122	857	778	456	478	1 047	531	5 570	2 759
	引水减沙比	3.25	4.15	3.65	3.39	3.04	3.81	5.58	4.85	3.98	3.98
	净引水减沙比	4.28	5.90	5.46	5.31	5.91	6.74	6.13	8.91	5.91	5.93
一维数学模型	减沙量(万 t)	146	473	556	1 642	1 337	515	788	267	5 724	4 281
	引水减沙比	1.58	1.75	2.37	7.14	8.9	4.11	4.2	2.43	4.09	6.18
	净引水减沙比	2.08	2.49	3.55	11.21	17.34	7.26	4.62	4.47	6.07	9.2

第9章 结 论

通过上述分析研究,可以得到如下结论:

(1)宁蒙灌区引水对河道径流影响作用明显,各河段影响程度存在差异。

宁夏灌区(下—石区间)每引水 1 亿 m³,石嘴山断面径流量将减少 0.47 亿 ~ 0.52 亿 m³;每净引水 1 亿 m³,则减少 0.90 亿 ~ 1.00 亿 m³。

内蒙古河套灌区(石—三区间)每引水 1 亿 m³,三湖河口断面径流量将减少 0.76 亿 ~ 0.84 亿 m³;每净引水 1 亿 m³,三湖河口断面径流量将相应减少 0.89 亿 ~ 0.99 亿 m³。

内蒙古灌区(石—头区间)每引水 1 亿 m³,头道拐断面径流量将减少 0.80 亿 ~ 0.85 亿 m³;每净引水 1 亿 m³,头道拐断面径流量将减少 0.93 亿 ~ 0.99 亿 m³。

宁蒙河套灌区(下—三区间)每引水 1 亿 m³,三湖河口断面径流量将减少 0.62 亿 ~ 0.66 亿 m³;每净引水 1 亿 m³,三湖河口断面径流量将减少 0.93 亿 ~ 1.00 亿 m³。

宁蒙灌区(下—头区间)每引水 1 亿 m³,头道拐断面径流量将减少 0.64 亿 ~ 0.69 亿 m³;每净引水 1 亿 m³,头道拐断面径流量将减少 0.95 亿 ~ 1.03 亿 m³。

(2)宁蒙灌区引水对河道泥沙变化有较大的影响作用。

宁夏灌区(下—石区间)每引水 1 亿 m³,石嘴山断面输沙量将减少 29 万 ~ 43 万 t;每净引水 1 亿 m³,则减少 55 万 ~ 82 万 t。

内蒙古河套灌区(石—三区间)每引水 1 亿 m³,三湖河口断面输沙量将减少 37 万 ~ 48 万 t;每净引水 1 亿 m³,三湖河口断面输沙量将减少 43 万 ~ 57 万 t。

内蒙古灌区(石—头区间)每引水 1 亿 m³,头道拐断面输沙量将减少 38 万 ~ 56 万 t;每净引水 1 亿 m³,头道拐断面输沙量将减少 45 万 ~ 65 万 t。

宁蒙河套灌区(下—三区间)每引水 1 亿 m³,三湖河口断面输沙量将减少 33 万 ~ 45 万 t;每净引水 1 亿 m³,三湖河口断面输沙量将减少 50 万 ~ 67 万 t。

宁蒙灌区(下—头区间)每引水 1 亿 m³,头道拐断面输沙量将减少 41 万 ~ 52 万 t;每净引水 1 亿 m³,头道拐断面输沙量将减少 61 万 ~ 77 万 t。

第 2 篇　关中灌区引水对渭河入黄径流影响分析

第1章 河段概况

　　渭河是黄河右岸支流,横跨甘肃省东部和陕西中部,发源于渭源县西南海拔3 495 m的鸟鼠山北侧,东流经天水入陕西,经陈仓、渭滨、金台、岐山、眉县、扶风、杨凌、武功、兴平、秦都、渭城、大荔、华县、华阴等22个县(市、区),在潼关的港口入黄,全长818 km,其中在陕西境内长502.4 km。宝鸡峡以上123 km属上游深山峡谷无堤段,宝鸡林家村至咸阳铁路桥171 km为中游,咸阳铁路桥以下至潼关入黄口208 km为下游。渭河干流自西向东横穿关中腹地,宝鸡林家村水文站是渭河干流进入关中平原的水量控制站,之后依次有魏家堡、咸阳、临潼和华县等水文断面。

1.1 水资源概况

　　根据黄河流域水资源调查评价成果,渭河流域多年平均降水量546.3 mm,地表水资源量92.51亿 m³,水资源总量110.70亿 m³,流域水资源主要分布在甘肃和陕西境内,分别占渭河地表水资源量的34%和60%。评价成果将渭河流域划分为5个水资源分区,即北洛河洑头以上、泾河张家山以上、渭河干流宝鸡峡以上、渭河干流宝鸡峡至咸阳河段、渭河干流咸阳至黄河潼关河段。各分区地表水资源量:北洛河洑头以上为8.96亿 m³,占渭河地表水资源量的9.7%;泾河张家山以上为18.45亿 m³,占渭河地表水资源量的19.9%;渭河干流宝鸡峡以上为23.98亿 m³,占渭河地表水资源量的25.9%;渭河干流宝鸡峡至咸阳区间为25.4亿 m³,占渭河地表水资源量的27.5%;咸阳至潼关区间为15.72亿 m³,占渭河地表水资源量的17.0%,详见表1-1。

表1-1　渭河流域水资源状况

水资源分区	省区	计算面积 (万 km²)	降水量 (mm)	地表水资源量 (亿 m³)	水资源总量 (亿 m³)
北洛河洑头以上	甘肃	0.232 6	522.9	0.59	0.59
	陕西	2.282 4	511.3	8.37	9.47
	小计	2.515	1 034.2	8.96	10.06
泾河张家山以上	甘肃	3.179 9	498.4	12.02	12.55
	宁夏	0.495 5	480.2	3.26	3.28
	陕西	0.706 5	521	3.17	3.2
	小计	4.381 9	1 499.6	18.45	19.03
渭河干流宝鸡峡以上	甘肃	2.578 3	513.6	19.27	19.76
	宁夏	0.328 1	460.9	1.53	1.58
	陕西	0.170 4	718.2	3.18	3.18
	小计	3.076 8	1 692.7	23.98	24.52
渭河干流宝鸡峡至咸阳	陕西	1.787 2	656.5	25.4	33.08

水资源分区	省区	计算面积 （万 km²）	降水量 （mm）	地表水资源量 （亿 m³）	水资源总量 （亿 m³）
咸阳至潼关	陕西	1.759 4	645.4	15.72	23.98
渭河流域	甘肃	5.990 8	505.9	31.88	32.9
	宁夏	0.823 6	472.5	4.79	4.86
	陕西	6.705 9	591.4	55.84	72.91
	合计	13.520 3	546.3	92.51	110.67

1.2 支 流

渭河出宝鸡峡进入关中盆地,入境后接纳了由南北而来的近百条大小支流,南岸源于秦岭的支流平行密布,向有"七十二峪"之称,主要有清姜河、石头河、汤峪河、黑河、涝河、类目河、沪河、灞河、赤水河、罗敷河等,这些河流径流较短,水流急,水位和流量受降雨影响大,在山前洪积扇区多渗漏补给地下水,是地下水的主要补给源;北岸支流较少,源于或穿越北山,主要有千河、漆水河、清峪河、石川河、洛河等,这些河流源远流长,河水具有暴涨暴落、水量相对较小而含沙量大的特点。关中地区较大的支流主要有千河、漆水河、黑河、沣河、灞河、石川河、泾河、北洛河等 8 大支流。

1.2.1 千河

千河为渭河左岸支流,位于关中西部,因流经千山脚下而得名。它源出甘肃六盘山南坡石嘴梁南侧,东南流经华亭县域,从陇县唐家河乡进入陕西省宝鸡市境内,流经陇县、千阳、凤翔、陈仓 4 个县(区),于陈仓区千河镇冯家嘴村汇入渭河。

河流全长 152.6 km,平均比降 5.9‰,流域面积 3 493 km²。陇县以上流经陇山山地,植被较好;陇县、千阳之间为黄土塬梁浅山丘陵区,千阳以下流经黄土台塬区,冯家山附近2 km 长一段呈峡谷状,以下则河谷宽展,水流分散,主岔不明。主要支流有石罐沟、咸宜河、捕鱼河、峡口河、普洛河等。

千河上有千阳水文站,流域多年平均径流量 4.85 亿 m³。

1.2.2 漆水河

漆水河为渭河左岸支流,位于关中西部宝鸡、咸阳两市之间,源出麟游县招贤乡石嘴子村西南山沟中,名招贤河,东南流过良舍乡,名杜水河,到麟游城纳永安河、澄水河后始名漆水河。城西天台寺有九成宫故址,为隋唐时皇帝避暑胜地,旁有《醴泉铭》碑,是唐魏征撰文,欧阳询手书,被世人誉为"双绝",为楷书典范之一。漆水河再东南流经扶风、乾县和永寿 3 县交界处,此间段又名好峙河;更南偏西行入武功境内漠西河、沣水至大庄乡南立节村入渭河。

漆水河全河长 151 km,平均比降 4.7‰,集水面积 3 824 km²。桃树坡以上 90 km 为上段,属黄土梁状的土石山区,河谷窄深,基岩裸露,植被较好;桃树坡至北郑村为中段,长20 km,穿流于黄土塬间,中部形成塬间盆地,谷坡破碎陡直,库容 1.2 亿 m³ 的羊毛湾水库即建于此;北郑村以下40余km为下段,进入关中盆地,地势平坦,农田水利开发较早。

漆水河有安头水文站。

1.2.3 黑河

黑河为渭河右岸支流,流域全在周至县境内。古称芒水,以其出秦岭芒谷而得名;又因其水色黑,所以称黑河。源头在太白山东南坡二爷海(海拔3650m),南偏东流经厚畛子,过骆驼脖子直至峪口,长91km,大小支流34条,集水面积约1500km²,大部分为茂密森林所覆盖,已有675km²划为国家自然保护区,水源充沛,水质清纯,为西安市重要水源地。河水出峪后穿过浅山丘陵区黄土台塬,河道展宽至1000m以上,至沙谷堆、董家园变成了三岔河,河水泛滥,河道游荡,沙砾一片。再东流纳南来的清水河、就峪河、田峪河、赤峪河等,在尚村乡石马村入渭河。

黑河全河长125.8km,集水面积2258km²,最大洪水流量3040m³/s(黑峪口,1980年)。1942年黑惠渠建成后,灌溉农田达16万亩。干流自然落差1100余m,可开发水能2.99万kW。

黑河有陈河水文站、黑峪口水文站。

1.2.4 沣河

沣河为渭河右岸支流,位于关中中部西安市西南,正源沣峪河源出长安区西南秦岭北坡南研子沟,流经喂子坪,出沣峪口,先后纳高冠、太平、潏河,北行经沣惠、灵沼至高桥入咸阳市境内。沣河与渭河平行东流,在草滩农场西入渭河。

沣河全河长78km,平均比降8.2‰,流域面积1386km²。沣峪口以上32km流经石质山区,地质条件复杂,峡谷、宽谷相间,水流清澈湍急,山势奇伟,景色秀丽。出山为山前台塬带,河床沙砾淤积,河水入渗地下,两岸滩地土层薄,地下水源丰富,地热水蕴藏较广。秦渡镇附近有沣惠渠首大坝,创建于1941年,为"关中八惠"之一,灌溉面积23万亩。大坝以下水流平缓,河道展宽,河床淤积更严重,常受洪水威胁,五楼堡洪峰流量曾达1430m³/s(1957年7月16日);平时常流量仅10余m³/s。沣河的走向,史书有"东北支津"与"沣水东注"之说,河流变迁主要在下段,即过了丰镐遗址,曾向西北流经沙河会新河入渭河,北魏以后,主河道由客省庄北流入咸阳境内,或北流或东北流入渭河。入渭河前是河滩漫流,入渭口摇摆多变,极不稳定。

沣河是一条久负盛名的河道,相传古时洪水泛滥,经大禹疏凿乃成。《诗经·大雅·文王有声》说:"沣水东注,维禹之绩。"《尚书·禹贡》说:"漆沮既从,沣水攸同。"《集传》说:"沣水东北流,经丰邑之东,入渭而注于河。"周代丰、镐两京即建在紧靠沣河东西两岸,秦阿房宫,汉、唐长安城离沣河亦不远,昆明池遗址在沣河东岸。

沣河有秦渡镇水文站。支流潏河正源大峪河有大峪水文站。

1.2.5 灞河

灞河为渭河右岸支流,位于西安市东南部,源出蓝田县东北隅,渭南、华县交界处的箭峪岭南侧九道沟,南流至灞源乡急转西北,经九间房至玉山村折向西南,隔岸即公王岭蓝田猿人遗址,再经马楼、普化到蓝田县城,纳辋峪河又转西北,过三里镇、洩湖、华胥进入西安市区,穿灞桥、纳浐河北流,于贾家滩北入渭河。灞河古名滋水,秦穆公时改滋水为霸水,以显霸功。后霸水又衍为灞河。远于上新世,由于骊山断块隆起和秦岭的抬升,河水不断向左岸偏移,使左岸支流少而长,右岸支流多而短。全河共有支流60条,较大的有蓝桥河、辋川河、浐河,皆在左岸。

灞河全长104 km,流域面积2 581 km²,年均径流量7.43亿 m³,年输沙量278万 t。平均比降6.2‰。洪水频繁,1935年和1953年曾出现2 160 m³/s和2 900 m³/s的洪峰流量,而常流量不足10 m³/s。横跨在灞河上的灞桥古今闻名。据《西安府志》说:"灞桥两岸,筑堤五里,栽柳万株,游人甚多。"唐人杨巨源和李白诗有"杨柳含烟灞岸春,年年攀折为行人"与"年年柳色,灞陵伤别"的感怀。

灞河左岸支流浐河,源出蓝田县西南秦岭北坡汤峪乡月亮石沟,在长安县境内纳岱峪河、库峪河,于西安市东郊纳荆峪沟,过半坡遗址所在的半坡村,至西安市东北郊谭家乡广太庙注入灞河。河长64 km,平均比降8.9‰,流域面积760 km²,年径流量1.88亿 m³。岱峪以下河流平稳顺直,多泉水补给,两岸河漫滩宽阔,阶地完整,左为少陵原,右为白鹿原,隋唐之际,修龙首渠引浐水入长安城,是兴庆宫、大明宫的主要水源。浐河原是渭河一级支流,后因灞河西倒夺浐河而成为灞河支流。

灞河有马渡王水文站。

1.2.6　石川河

石川河古称沮水,为渭河左岸支流。上源两支,东支漆水,又称铜官水,西支沮河,为石川河正源。

漆水以源头多漆树得名,源于耀县东北凤凰山东面的嵝崾梁下,与宜君县西南哭泉梁的塔尼河汇合后入金锁关,南偏西流,合马杓沟、雷家河,穿过铜川市区,再合王家河、小河沟等,于耀县城南入沮河。漆水全长63 km,流域面积814.7 km²,平均比降11‰,年均径流量0.38亿 m³。

沮水源于耀县西北长蛇岭南侧,由大坡沟、西川等数条小溪流汇集而成,南偏西流至庙湾转东南流,于柳林镇上下,东纳校场坪,西纳秀房沟(头道沟)水,在耀县城南与漆水河交汇,河长67 km,流域面积871 km²。两河汇合后始称石川河。东南流,于马槽村入富平,过庄里镇进入渭河平原,在交口附近入渭河。

石川河右岸支流清河,由清峪河与冶峪河汇流而成。清峪河又名清浊河,源于耀县照金镇西北的野虎沟,向南过白村为淳化、耀县界河,过岳村为三原、径阳界河;冶峪河又名冶峪水,源出淳化县北安子哇乡老城湾,两源相隔不远,一在石门山东南,一在石门山之南。冶峪河出谷口有临江潭、峡谷飞瀑,景色迷人,正南行绕淳化城转东南,过黑松林、石桥,入径阳口镇、云阳,在三原安全滩汇清峪河,向南又急转东偏北行,河床深切百余米,由三原城北经大程入临潼,转东南流注入石川河。清河长147 km,长于石川河干流,集水面积1 550 km²。

石川河全长137 km,集水面积4 478 km²。流域西宽东窄,呈不对称的巴掌形,东面石川河、洛河之间古为金氏陂及卤泊滩,没有支流入渭河;连同西面清河流域北塬下之地,皆属郑国渠灌区。流域内已建有桃曲坡、冯村、黑松林、小道口等中小型水库数十座。

石川河支流漆水河有耀县水文站,支流沮河有柳林水文站。

1.2.7　泾河

泾河为渭河左岸支流,古称泾水,跨陕、甘、宁三省(区),源于宁夏泾源县六盘山东麓的马尾巴梁东南老龙潭,穿过甘肃东北部平凉、泾川城,从长武马寨乡汤渠进入陕西,东流至芋园乡景家河30余km一段为陕甘界河,再南流转东南流,经彬县、永寿、淳化、礼泉、泾阳至高陵陈家滩汇入渭河,全长455 km,集水面积45 421 km²,其中陕西省境内河长272 km,集水面积9 391 km²,分别占全河长的60%和总面积的20%。

陕西省境内泾河分为三段:汤渠至旱饭头段90余km为塬梁沟壑段,纳马栏河和黑河,过大佛寺和彬县县城;旱饭头至张家山120余km为峡谷段,谷宽仅百米左右,最窄处不到30 m,山势险峻,河道曲折,水力资源丰富,入峡不远,左岸有三水河(面积0.13万km²)由旬邑来汇,出峡处即北仲山口,张家山上下即古今引泾工程渠首处。张家山以下约60 km为平川段,右纳泔河,地面开阔,土地肥沃,水流渐缓,灌溉历史悠久。泾河流域水土流失严重,河流含沙量大。

泾河有景村水文站、张家山水文站。上游支流有张河水文站。

1.2.8　北洛河

北洛河古称洛水,通称洛河,20世纪50年代改称北洛河,为渭河最长支流,源于榆林地区定边县西白于山最高处魏梁(海拔1 907 m)的南麓,初名石涝川,东南流至铁边城合王圪子川后叫头道川,至延安地区吴起县城关合乱石头川后始称洛河。流经定边、靖边、吴起、志丹、甘泉、富县、洛川、黄陵、宜君、白水、澄城、蒲城、大荔等13县,在三河口附近注入渭河,河长680 km。流域平均宽80 km,呈条带状,总面积26 905 km²,除葫芦河境外有2 381 km²外,均在陕西省境内,干流平均比降1.5‰。

洛河按地貌区可分为三段:富县以上为上游段,由志丹旦八到川口长25 km一段为白垩系志丹群石质峡谷,谷宽平均只有40 m,河床切入基岩20 m,其余河段较宽阔,为100～400 m。此段均属黄土丘陵沟壑区,水土流失严重。富县至白水为中游段,富县以下河谷深切,逐渐变窄,交口河以下又进入宽约100 m的峡谷,河道深切黄土塬约100 m,岸高谷深,属黄土高塬沟壑区。白水、澄城以南是洛河下游段,河流从西面绕过铁镰山,呈一大的S形进入关中平原,地势趋于平缓,河曲发育,河床不稳,跌落甚多,以白水至船舍段的三叠状、大小状最为有名。洛河河口段游荡于孝义镇与黄河之间,今之桥店和马坊渡曾是洛河的知名渡口。

洛河支流共581条,集水面积在100 km²以上的有68条,1 000 km²以上的有周水、葫芦河、沮水、石堡川4条。

洛河干流有吴旗、刘家河、交口河、状头、南荣华4处水文站。支流周水有志丹水文站。

渭河关中河段水系分布见图1-1,主要支流及其水文站情况见表1-2。

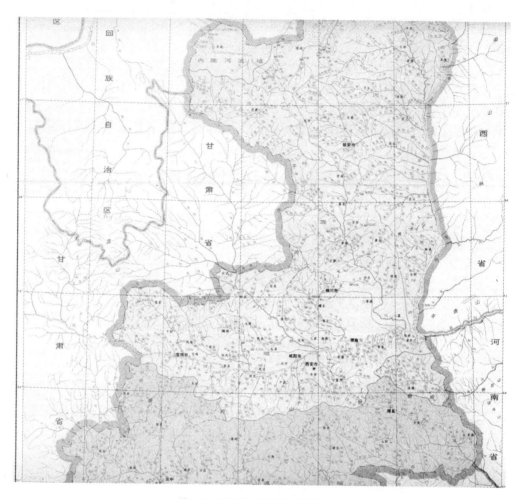

图 1-1　渭河关中河段水系分布

表 1-2　渭河关中河段主要支流及其水文站情况

河段	岸别	支流名称	入渭控制水文站	流域面积（km²）	径流量（亿 m³）
林家村—咸阳	南岸	清姜河	益门镇站	234.4	
		石头河	鹦鸽站		
		汤峪河	漫湾村站		
		黑河	黑峪口站	2 258	8.17
		涝河	涝峪口站		
	北岸	千河	千阳站	3 493	4.85
		漆水河	安头站	3 824	2
咸阳—华县	南岸	沣河	秦渡镇、高桥	1 386	4.8
		灞河	马渡王	2 581	7.43
	北岸	泾河	张家山、桃园	45 421	20.7
		石川河	柳林、耀县	4 478	2.15
华县以下	南岸	北洛河	洑头	26 905	9.9
	北岸	罗敷河	罗敷堡		

1.3　引用水工程概况

进入关中平原后,渭河水量不断得到沿河支流的加入,也不断被关中灌区引用。林家村—咸阳河段主要的引用水工程为渭河干流的林家村、魏家堡引水闸,千河的冯家山水库,石头河的石头河水库,漆水河的羊毛湾水库等;咸阳—华县河段主要引水工程为渭河干流的交口抽渭提灌站、泾河的泾惠渠引水闸、石川河上的桃曲坡水库和岔口水利枢纽;华县以下河段的主要引水工程为北洛河上的洛惠渠引水闸。关中主要引用水工程基本情况见表1-3。

表 1-3　关中主要引用水工程基本情况

河段	引水工程名称	引水水源	所属灌区	取水地点
林家村—咸阳	林家村引水闸	渭河	宝鸡峡灌区	宝鸡市林家村
	魏家堡引水闸	渭河	宝鸡峡灌区	眉县魏家堡
	冯家山水库	千河	冯家山水库灌区	宝鸡市桥镇乡冯家山村
	石头河水库	石头河	石头河水库灌区	眉县斜峪
	羊毛湾水库	漆水河	羊毛湾水库灌区	乾县石牛乡羊毛湾村
咸阳—华县	交口抽渭提灌站	渭河	交口抽渭灌区	临潼县油槐乡西楼村
	泾惠渠引水闸	泾河	泾惠渠灌区	泾阳县张家山
	桃曲坡水库	石川河	桃曲坡灌区	耀州区安里乡桃曲坡村
	岔口水利枢纽	石川河	桃曲坡灌区	耀州区岔口村
华县以下	洛惠渠引水闸	北洛河	洛惠渠灌区	北洛河大荔县洑头村

第2章 灌区概况

关中地区素有"八百里秦川"之称,土地面积3.5万km²,包括西安、咸阳、宝鸡、渭南、铜川等40个市、县(区),地区经济发达,交通方便,旅游资源丰富,教育设施先进,在渭河流域国民经济中占有重要地位。截至2006年年底,关中地区人口2 172万人,粮食产量708万t。

关中地区的主要水源为渭河及其支流。该地区的水利事业历史悠久,早在战国时期就兴修了郑国渠引泾水灌溉农田。新中国成立前,已建成引泾、洛、渭、梅、黑、涝、沣、泔等灌溉工程,被称为"关中八惠",初步形成200万亩的灌溉规模。新中国成立后,进行了大规模的水利建设,不仅改造扩建了原来的老灌区,而且兴建了巴家嘴、宝鸡峡、冯家山、石头河、交口抽渭、羊毛湾、石堡川、桃曲坡等大中型水利工程。20世纪90年代以来,又先后建成了一批城镇供水工程,包括冯家山水库向宝鸡市供水、马栏引水—桃曲坡水库向铜川市供水、石头河水库向西安市供水以及引冯济羊等工程,地下水也得到了大规模的开发利用。目前,流域内形成了以自流引水和井灌为主、地表水和地下水相结合的灌溉供水网络,有效灌溉面积1 366万亩。农业节水方面取得了一定成绩,现有节水灌溉面积346.5万亩。

目前,关中地区大型灌区主要有以下八大引水灌区:引渭灌区有宝鸡峡引渭灌区和交口抽渭灌区,支流灌区有泾惠渠灌区和洛惠渠灌区,水库灌区有冯家山水库灌区、石头河水库灌区、羊毛湾水库灌区以及桃曲坡水库灌区。

按河段划分,宝鸡峡引渭灌区、冯家山水库灌区、石头河水库灌区和羊毛湾水库灌区等位于林家村—咸阳,交口抽渭灌区、泾惠渠灌区和桃曲坡水库灌区位于咸阳—华县,洛惠渠灌区位于华县以下。

关中地区主要灌区基本情况见表2-1,主要灌区分布见图2-1。

表2-1 关中地区主要灌区基本情况

灌区类型	灌区名称	引水水源	引水地点	所在河段	设计流量(m³/s)	灌溉面积(万亩)
引渭灌区	宝鸡峡引渭灌区	渭河	渭河宝鸡市林家村、魏家堡水文断面	林家村—咸阳	95	296.6
	交口抽渭灌区	渭河	临潼县油槐乡西楼村	咸阳—华县	37	126
支流灌区	泾惠渠灌区	泾河	泾阳县张家山水文断面	咸阳—华县	46	135.5
	洛惠渠灌区	北洛河	北洛河大荔县洑头水文断面	华县以下		74.3
水库灌区	冯家山水库灌区	千河	冯家山水库	林家村—咸阳	36	136
	石头河水库灌区	石头河	眉县斜峪关石头河水库	林家村—咸阳		
	羊毛湾水库灌区	漆水河	乾县羊毛湾水库	林家村—咸阳		
	桃曲坡水库灌区	石川河	桃曲坡水库和岔口引水枢纽	咸阳—华县		31.83

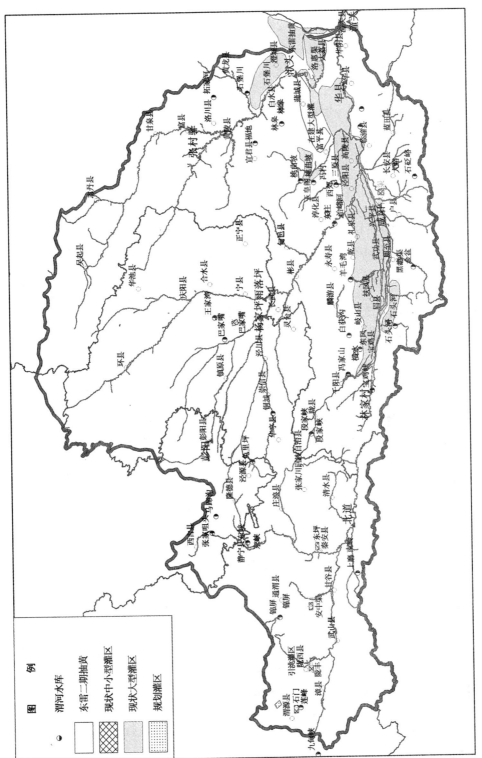

图 2-1　渭河流域主要灌区分布示意图

2.1 宝鸡峡引渭灌区

2.1.1 灌区基本情况

宝鸡峡引渭灌区位于关中地区西部,东西较长,南北狭窄,呈带形分布。灌区水源以引渭河径流为主,辅以地下水,从渭河左岸引水。受益范围有宝鸡、咸阳、西安3个市的13个县(区)。灌区东西长181 km,南北平均宽14 km,最宽处40 km。灌区总土地面积353.29万亩,耕地面积291.6万亩,灌溉面积282.83万亩,有效灌溉面积约282万亩,其中自流灌溉面积约占2/3,提水灌溉面积约占1/3。灌区土壤大部分为中壤、轻壤及少量沙壤土。主要农作物为小麦、玉米、棉花和油菜等。灌区粮食平均亩产665 kg,年总产量15.04亿 kg。总产量与提供的商品粮分别占陕西省的1/7和1/4。宝鸡峡引渭灌区是陕西省目前最大的灌区和粮油果菜生产基地,被誉为陕西第一大粮仓,名列全国十大灌区之一。

灌区从地貌上大体分为渭河阶地区(塬下)和黄土台塬区(塬上)两大灌溉系统,地形高差200 m左右,分别占灌区面积的29.6%和70.4%。

灌区属大陆性气候的半干旱地区,年平均降水量547.5 mm,最大为1 146 mm,最小为243.3 mm。年内分配不均,春夏多旱,秋季多涝,多以暴雨形式出现,很难利用。年平均蒸发量1 110 mm,年平均气温14 ℃,最高43 ℃,最低−21.5 ℃,日照2 140 h,无霜日220 d。灌区地下水埋深,一般塬下为5～20 m,塬上为5～80 m,最深达百米。灌区开灌后,局部地区地下水水位上升很快,地下水矿化度为0.5～1.0 g/L。

2.1.2 工程设施

塬下灌区由原渭惠渠扩建而成,建成于1937年,由我国近代著名水利专家李仪祉先生主持修建,即著名的"关中八惠"之一的渭惠渠。塬下灌区渠首在眉县魏家堡,设计引水流量45 m³/s,总干渠和南北2条干渠总长197 km。渭惠渠于1937年建成通水,1949年灌溉面积为1.8万 hm²。新中国成立后,经过整修扩建,灌溉面积增加到3.8万 hm²,1958年又修建了北干渠(抽水灌溉塬边高地,简称渭高抽),灌溉面积扩大到7.2万 hm²。

塬上灌区1958年动工兴建,1960年停工,1969年复工,1971年建成。从宝鸡市林家村引渭河水,设计引水流量50 m³/s,灌溉面积12.8万 hm²,总干渠和东西2条干渠总长215 km。

塬上、塬下两大灌溉系统于1975年合并。塬上、塬下两大灌溉系统均于渭河筑坝引水,设计总流量95 m³/s,校核115 m³/s。灌区共有总干渠和干渠6条,全长412.6 km,已衬砌297.5 km;支(分支)渠77条,长686.08 km,已衬砌332.21 km,干支退水渠24条,长51.49 km,已衬砌10.4 km。干渠、支渠、退水渠共有各类建筑物5 274座,干渠、支渠衬砌率为53.3%,渠道与建筑物配套基本齐全。斗渠1 956条,长2 174.76 km,已衬砌1 209.12 km;分渠10 242条,长3 754.833 km,已衬砌1 191.669 km;斗分渠建筑物43 554座,斗分渠衬砌率为40.5%,斗分渠建筑物与渠道配套较差。灌区共有国有抽水站

22 座,总装机容量 2.6 万 kW;水电站 6 座,总装机容量 3.39 万 kW;大中型水库 6 座,总库容 31 523 万 m^3,有效库容 17 216 万 m^3。全灌区共有泵站 21 座,配套机井 11 349 眼。塬上还有中型水库 4 座,总库容 2.29 亿 m^3。库岸设有泵站,在用水紧张时期,以库水补给干渠。全灌区已形成一个以引渭河水为主、引蓄提结合、地表水和地下水并用的多水源灌溉系统。灌区平均年引水量 6.08 亿 m^3,库塘蓄水 1.92 亿 m^3,提取地下水 1.27 亿 m^3。

2.2　冯家山水库灌区

2.2.1　灌区基本情况

冯家山水库灌区位于渭河支流千河下游峡谷末端,引水地点在宝鸡市桥镇乡冯家山村。灌区涉及宝鸡市陈仓、金台、凤翔、岐山、扶风、眉县及咸阳市乾县、永寿共 8 个县(区)。该灌区设计引水流量 36 m^3/s,设计灌溉面积 136.38 万亩,其中自流灌区 65.85 万亩,抽水灌区 70.53 万亩,现有效灌溉面积 124.72 万亩。农作物以冬小麦及夏玉米为主,其余有谷物、豆类等,经济作物以油菜、辣椒为主。20 世纪 90 年代以来,部分农田栽植了经济林果,品种有苹果、梨、桃等。灌区共有 38 个乡镇,439 个行政村,2 731 个村民小组,总人口 119 万人,其中农业人口 92.9 万人。农业总产值 12.9 亿元。灌区国民生产总值 47.5 亿元。

2.2.2　自然地理

冯家山水库灌区西起金陵河东岸,东至漆水河西畔,南临渭北塬边的宝鸡峡引渭总干渠左岸,北到北山(亦称乔山)脚下,东西长约 80 km,南北宽 18 km,位于东经 107°09′~108°01′,北纬 34°17′~34°32′,总面积 1 021 km^2。

灌区地处渭北黄土塬区,属关中盆地地貌区和渭北黄土台塬亚区。灌区自西北向东南倾斜,形成了西北高、东南低的地形,北部为洪积平原,南部为黄土塬区。

冯家山水库灌区以千河为界,分为东、西两部分,东灌区控制面积 122 万亩,西灌区控制面积 15.2 万亩。由于受千河和漆水河切割,呈断续分布,地面比较平坦,分布有断续的东西向微地貌洼地。灌区内地下水埋藏较深,地表干旱,通称渭北旱原。韦水河横贯东灌区中部,自西北流向东南,最后注入漆水河,将东灌区分割为两大部分,北部为洪积扇区,南部为黄土塬区。地面海拔西北部高 785 m 左右,东南部最低 575 m 左右,落差 200 多 m,地面南北向比降 1/25~1/200,一般为 1/100。西灌区北高南低,海拔 1 000~700 m,地面坡降为 1/80 左右。地表组成物质主要有黄土、次生黄土、亚黏土。

该区域属暖温带大陆性半干旱气候。全年日照时数平均 2 139.8 h,全年太阳总辐射量为 47.1 亿 J/m^2。年平均气温 12 ℃,极端最高气温 41.4 ℃,极端最低气温 −20.6 ℃。全年无霜期 214 d(岐山县)。多年平均降水量 625 mm,降水分布极不均衡,50% 典型年干旱期 148 d,75% 典型年干旱期 209 d,年均水面蒸发量 1 393.7 mm。灌区地下水主要为潜水,埋深 10~80 m,潜水主要依靠降水补给。

2.2.3 冯家山水库

2.2.3.1 水库基本情况

冯家山水库位于陕西省关中西部,渭河左岸一级支流——千河的下游,是以农业灌溉和城市、工业供水为主,兼作防洪、发电、养殖、旅游等综合利用的大(2)型水利工程。水库枢纽由拦河大坝、输水洞、泄洪洞、溢洪洞、非常溢洪道、坝后电站、宝鸡二电厂取水口等设施组成。拦河大坝设在宝鸡市陈仓区桥镇冯家山村南,为均质土坝,高75 m。

冯家山水库位于千河下游,控制流域面积3 232 km²,占全流域面积的92.5%。控制流域多年平均实测径流量4.09亿m³,最大年份(1964年)为9.80亿m³,最小年份(1997年)为0.41亿m³,最大年份为最小年份的23.9倍。实测最大洪峰流量1 180 m³/s。水土流失面积2 570 km²。多年平均含沙量9.59 kg/m³,多年平均输沙量439万t。

冯家山水库库区水域面积17.75 km²,回水长度17.5 km,总库容4.13亿m³,有效库容2.86亿m³。渠首设计引水流量42 m³/s,加大流量47 m³/s。工程于1970年动工兴建,1974年下闸蓄水并投入灌溉运行,1982年竣工验收正式交付使用。

2.2.3.2 水库兴利调度情况

冯家山水库从下闸蓄水至2003年年底,总进库水量98.16亿m³(千阳水文站资料,不含水文站至大坝区间来水量),总出库水量108.84亿m³。

其间,水库兴利调度大致分为三个阶段。

第一阶段:1974年3月至1992年6月,为单一向农业灌溉供水服务时期。该阶段以满足灌溉用水为主,结合满足大库养殖水位,汛期控制水位一般在707.0 m,非汛期控制水位为710.0 m,适时进行异重流排沙,临时向宝鸡峡调水,余水弃泄。1974~1991年,总出库水量81.75亿m³,灌溉用水量25.265亿m³,占出库水量的30.9%;排沙水量41.152亿m³,占出库水量的50%;弃泄水量52.378 4亿m³,占出库水量的64.1%。库水利用率为35.9%,水源利用率较低。

第二阶段:1992~1996年,随着一级、二级电站的建成投用,冯家山水库水资源逐步向综合利用方面发展。1992年11月,冯家山水库管理局在原灌溉配水站基础上,专门成立了水情调度室。从1994年开始,编制水库水量调度计划,其原则是在保证水库工程安全运行的条件下,尽量多蓄水,做到抗旱防洪并举,汛期不超汛限水位,非汛期高水位运行,争取满足各用水单位的计划用水量,并结合供水搞好发电。水库最高蓄水位710.0 m;农灌供水最低库水位控制在694.0 m;一级、二级电站联合运行,最低库水位控制在705.0 m;一级电站结合农灌供水发电,最低库水位控制在702.5 m。1992年、1996年总出库水量11.034 1亿m³,其间灌溉水量6.333 4亿m³,占出库水量的57.4%;排沙水量0.31亿m³,占出库水量的2.8%;纯发电用水量2.890 7亿m³,占出库水量的26.2%;外灌区供水量0.205亿m³,占出库水量的1.9%;弃泄水量1.295 2亿m³,占出库水量的11.7%;库水利用率达到88.3%。在此期间,灌溉兼发电用水量3.429亿m³,一级、二级电站联合发电水量0.001 5亿m³,库水重复利用率为35.2%,水源的综合利用率有较大幅度提高。

第三阶段:1997年后,随着引冯济羊、城市、二电厂等供水和输水工程的建成投运,冯家山水库进入了全方位综合供水时期,水源的综合利用程度得到更大提高。1997～2003年,水库总出库水量16.049 8亿m^3,其间灌溉用水量6.784 8亿m^3,占出库水量的42.3%;纯发电水量1.864 8亿m^3,占出库水量的11.6%;城市、工业用水量1.216 3亿m^3,占出库水量的7.6%;外灌区供水2.098 5亿m^3,占出库水量的13.1%;弃泄水量3.974 1亿m^3,占出库水量的24.8%;库水利用率为75.2%。其间,灌溉兼发电用水量2.548 2亿m^3,一级、二级电站联合发电水量1.365 6亿m^3,一级、二级电站发电兼城市、工业、外灌区供水水量0.870 9亿m^3。据2002年年底计算,库水重复利用率达到了42%。因此,从1997年以后,水源得到了较为充分的利用。

2.2.4 灌溉工程

灌区位于渭北高原,工程分布广,战线长。灌区主要工程有总干渠和南、北、西4条干渠,总长为120 km,干渠建筑物617座,其中总干渠"万米隧洞"长12 614 m,深入地下40 m,过水量42.5 m^3/s,横穿黄土高塬区,属目前国内最长的土质隧洞。北干渠有6座渠库结合工程,总库容2 133.5万m^3,有效库容1 282.6万m^3,具有调蓄水量、农田灌溉、防洪减灾等功能。灌区共有支渠100条,长542.7 km,建筑物6 220座;有斗渠、分渠9 701条,长4 182 km。灌区共设5 000亩以上电力抽水站23处53站,总装机163套,容量33 904 kW。

2.3 交口抽渭灌区

2.3.1 基本情况

交口抽渭灌区位于渭河下游北岸、关中平原东部的渭南地区,是一个灌排并举的大型电力水利工程。抽水地点在临潼县油槐乡西楼村。灌区西起西安市临潼区石川河,东至大荔县沙苑地区,东西长50 km,南临渭河,北抵蒲城、富平卤泊滩,南北宽约30 km。灌区涉及西安市临潼区、阎良区和渭南市临渭区、蒲城县、富平县、大荔县的33个乡(镇)336个行政村,总人口69.89万人,其中农业人口63.6万人。总土地面积153.65万亩,其中耕地面积128.67万亩,人均耕地面积2.02亩。灌区设计提水流量37 m^3/s,设计灌溉面积126万亩。

灌区建成之后,由旱地变成水浇地,随着农田供水条件的逐步改善,耕作制度迅速向一年两熟制转化,作物种植由以小麦、棉花为主,转变为粮(小麦、玉米、大豆)、棉和经济作物(辣椒、瓜果、花生等)全面发展的格局,灌区复种指数1.73,粮食亩产达到500 kg,棉花亩产也稳定在50 kg左右,灌区粮食平均亩产最大达到650 kg,成为陕西省主要的粮、棉、油生产基地之一,对社会经济发展起着举足轻重的作用。

2.3.2 自然地理

交口抽渭灌区由渭河、石川河、洛河冲积而成的冲积平原区和北部部分黄土塬及嵌入台塬间的卤泊滩组成,地势平坦,海拔为343～417 m,西北高,东南低。灌区耕地土壤以黄棉土及垆土类分布最广,土层深厚,质地肥沃,保水保肥能力强,适宜种植多种农作物。

灌区属内陆半干旱气候,多年平均气温 13.3 ℃,平均日照 1 945.6 h,有效积温 4 513 ℃,无霜期 217 d,光照条件好,复种指数 1.73,年均降水量 548.5 mm,且年际间相差很大,年内分布不均匀。

灌区地下水埋深为 2~10 m,矿化度偏高。当前灌区配套机井 2 600 余眼,年开采量 0.13 亿 m^3,尚有 0.2 亿 m^3 地下水可以开采利用。

2.3.3 水利工程

交口抽渭灌区水利工程由渠首引水枢纽、抽排水站、供电线路、灌溉渠道、排水沟和配水调度通信系统等部分组成。

渠首枢纽位于临潼区交口镇附近,由渭河北岸抽水,采用无坝抽引水方式。枢纽由治河工程、进水闸工程和渠首抽水站组成。取水口修建进水闸 13 孔,与渭河水流方向成 40°~50°的夹角,进水条件较好。渠首一级泵站几经改造,现安装机组 10 台,设计扬程 17.87 m,泵站设计流量 37 m^3/s,最大抽水流量 41 m^3/s,总装机容量 9 260 kW。

灌区建有抽(排)水泵站 31 座,安装泵组 133 台,总装机容量 29 292 kW,最高累计总扬程 95.93 m(净扬程 86.25 m),平均扬程 39.2 m(净扬程 35 m);排水站有 5 座,安装泵站 25 台,装机容量 4 440 kW。

灌溉渠道共有干渠 5 条,长 91.93 km;支渠 32 条,长 250.5 km,各类干支渠建筑物 1 769 座;斗渠 497 条,长 907 km;分(引)渠 4 944 条,长 2 013 km,各斗(分)渠建筑物 24 835 座。目前,干渠、支渠、斗渠的衬砌率分别为 82%、23%、36%。

排水沟系工程,共有干沟 4 条,长 87.32 km;支沟 54 条,长 320.01 km;各类干支沟建筑物 1 842 座,分沟 382 条,长 537.1 km;毛沟 173 条,长 94.7 km。

2.4 泾惠渠灌区

泾惠渠灌区位于关中平原中部,引水地点在渭河与泾河汇合处泾河上的泾阳县王桥乡张家山。引泾灌区始于公元前 246 年战国时代秦国修的郑国渠,历经宋、元、明、清。泾惠渠由李仪祉先生主持修建,于 1930 年 12 月动工,计划灌溉 64 万亩,实际灌溉不到 50 万亩。目前,灌区设计引水流量 46 m^3/s,设计灌溉面积 135.51 万亩。

灌区位于陕西省关中平原中部,北依仲山和黄土台塬。西、南、东面有泾河、渭河、石川河环绕,清峪河自西向东穿过,东西长约 70 km,南北宽约 20 km,总面积 1 180 km^2。灌区总土地面积 177 万亩,其中耕地面积 136.9 万亩,其他占地面积 35.84 万亩,河、湖、塘占地面积 4.46 万亩。灌区设计灌溉面积 135.5 万亩,有效灌溉面积 125.9 万亩,其中自流灌溉面积 111.02 万亩,抽水灌溉面积 14.88 万亩,渠井双灌面积 110 万亩,中低产田面积 99.3 万亩,田间节水工程灌溉达到标准的只有 26.5 万亩。排水工程控制面积 103 万亩。农作物以小麦、玉米为主,粮食经济作物比例为 0.76:0.24,复种指数 1.75。

截至 1997 年年底,灌区总人口 118.04 万人,其中农业人口 99.10 万人;农户 24.09 万户,人均耕地面积 1.38 亩,人均水地 1.27 亩。1997 年灌区国内生产总值达 414 300 万元,农业总产值 364 400 万元。灌区农业生产水平较高,以全省 2.4% 的耕地,生产出了全省 5.7% 的粮食,是陕西省粮食主要产区之一,也是咸阳、西安两市农副产品的主要供给地。近 3 年来,灌区粮食亩产平均在 560 kg 左右,其中高陵县的 20 万亩农田亩产 1 013.9 kg,成为我国西北地区第一个吨粮田县。

灌区地势自西北向东南倾斜,海拔为 350 ~ 450 m,地面坡降为 1/300 ~ 1/600,是典型的北方平原灌区。属于温带大陆性半干旱季风气候区,多年平均降水量 538.9 mm,年平均降水 77.5 d,降水时空分布不均,7 ~ 9 月降水量占全年降水总量的 50% ~ 60%。年蒸发量 1 212 mm,总日照时数 2 200 h,多年平均气温 13.4 ℃,极端最高气温 42 ℃(1996 年 6 月 21 日),极端最低气温 - 24 ℃(1955 年 1 月 10 日),最大风力 9 级,平均风速 1.8 m/s。无霜期 232 d,最大冻土深度 0.41 m。灌区土壤为第四纪沉积黄土。灌区上游及泾河、渭河沿岸多为轻壤土,中下游以中壤土为主。土壤容重 1.4 ~ 1.6 t/m³,孔隙率 40% ~ 50%,田间持水量 24.3%,pH 值 7.88,有机质含量 0.84% ~ 1.36%,土壤氮磷比 3.2∶1,土壤耕层容重、孔隙度比较适宜。

泾河为灌区主要水源,灌区地下水多为潜水,埋深大多在 8 ~ 15 m,最大埋深 25 m,地下水 80% 以上为重碳酸盐水,矿化度 1 ~ 3 g/L,主要依靠灌溉回归水和大气降水入渗,年可开采量 21 000 万 m³ 左右,年实际利用量为 22 900 万 m³。

灌区水利设施包括渠首枢纽、灌排渠系、抽水站、机井等。渠首枢纽工程位于泾阳县张家山,属于低坝自流引水。灌区现有干渠 5 条,总长度 80.6 km,已衬砌 67 km,占干渠总长度的 83%;支渠、分支渠 20 条,长 299.8 km,已衬砌 85 km,占总长度的 28.4%。干支渠共有各类建筑物 1 842 座;斗渠 538 条,长度 1 392 km,已衬砌 600 多 km,占斗渠总长度的 42%。灌区渠首年均灌溉引水量 2.385 亿 m³,排水沟系共有干沟 10 条,长 118.7 km,支沟 75 条,长 377.1 km。灌区上中游沿总干渠、北干渠、一支渠建有控制面积 5 000 亩以上的抽水站 5 座,总装机 8 570 kW,设计抽水流量 8.47 m³/s,可控灌溉面积 14.9 万亩;灌区配套机电井 1.39 万眼,渠井双灌面积 110 万亩。

2.5　洛惠渠灌区

洛惠渠灌区位于陕西省关中东部,东起黄河右岸,西到蒲城、富平南部县界,北依渭北台塬,南抵洛水,东北与东雷抽黄灌区毗邻,西南与交口抽渭灌区相接,洛河自中部穿过,将灌区分为洛东、洛西两个部分。灌区总面积 750 km²,有效灌溉面积 74.3 万亩。

灌区辖大荔、蒲城、澄城等 3 县,受益范围包括 31 个乡(镇),3 个国有农场,总人口 62.2 万人,其中农业人口 45 万人。作物以小麦、玉米、棉花为主,瓜果、油料、豆类次之,是陕西省重要的商品粮、优质棉和农副产品生产基地,年农业生产总值超过 10 亿元,约占当地国民生产总值的 70%。工业以棉纺为主,机械加工为辅,年产值约 2 亿元。

灌区地势北高南低,高程变化为 400 ~ 337 m。土壤以黄土状土、黄土状亚黏土和盐土为主,含盐量高,自然植被率为 8.4% ~ 9.4%。

灌区属于温带大陆性半干旱气候,多年平均降水量 507.5 mm,常年多风,以东北风居多,最大风力 10 级。多年平均蒸发量 1 118 mm,平均气温 13.3 ℃,无霜期 219 d,平均日照时数 2 385.2 h。

灌区枢纽工程自澄城县洑头村引北洛河水,始建于 1934 年,1950 年开灌受益,原设计灌溉面积 50 万亩,开灌后经几次扩建改造,20 世纪 70 年代有效灌溉面积 77.6 万亩,目前有效灌溉面积 74.3 万亩。

渠首采用低坝自流引水方式,总干渠通过近年来扩大改造,最大引水能力已达到 25 m³/s,灌区骨干建筑物有渠首大坝、渠首引水闸、退水闸、总干渠、4 条隧洞、2 座渡槽、洛西倒虹等。共有总干渠 1 条,长 21.4 km;干渠 4 条,分别是东干渠、中干渠、西干渠和洛西干渠,总长 83.3 km;分支渠 13 条,长 131.96 km;排水总干沟 1 条,长 21.25 km,干沟 10 条,长 112.7 km,支沟 55 条,长 198.8 km;各类渠系建筑物 1 913 座。

2.6　石头河水库灌区

2.6.1　基本情况

石头河水库灌区位于陕西省关中西部,西起宝鸡县铜峪沟,东至眉县青化乡与周至县接壤,南临秦岭,北至渭河,东西长 42 km,南北宽 15 km,总面积 630 km²,是依托石头河水库建成的大中型灌区之一,承担着岐山、眉县 14 个乡(镇)112 个自然村 37 万亩农田的灌溉和宝鸡峡塬下 91 万亩灌区的补水任务,是灌、补、排功能齐备的平原灌区。

灌区粮食作物以小麦、玉米、水稻为主,小麦、玉米面积分别占作物种植面积的 80%、50%;水稻面积主要分布在岐山县的安乐乡、落星乡,面积约为 1.01 万亩,占作物种植面积的 80%,经济作物以辣椒、油菜、果品等为主,约占耕地面积的 22%。

灌区辖宝鸡市岐山、眉县两县,总人口 27.95 万人,其中农业人口 26.11 万人,占总人口的 93.4%,农业劳动力 13.63 万人。总土地面积 70.44 万亩,耕地面积 40.35 万亩,有效灌溉面积 22 万亩,年实际灌溉面积 8 万亩。灌区年灌溉渠首引水量为 4 897.73 万 m³,斗口引水量为 2 416.1 万 m³;目前,灌区水资源利用以石头河水库水源为主,年向西安供水 1 亿 m³,农灌用水 9 566 万 m³(含宝鸡峡塬下灌区补水),五丈原供水 315 万 m³。

灌区属大陆性季风半湿润暖湿气候带,多年平均气温 12.8 ℃,极端最高气温 43 ℃,极端最低气温 -15 ℃,无霜期 240 d,日照时数 2 088 h,多年平均降水量 686 mm,其时空分布 4 个季度降水量分别占年降水量的 7.2%、29.7%、47.7%、15.4%,多年平均蒸发量 1 270 mm。石头河水库流域大部分属于太白山自然保护区,人烟稀少,流域植被覆盖率达 90% 以上,水源涵养条件好,污染少,水质优良。表层土壤以㙭土为主,覆盖厚,土质好,宜农作。

灌区内有石头河、霸王河、汤峪河、东沙河、西沙河 5 条河流,其中霸王河、汤峪河为低坝引水,东沙河、西沙河目前尚无引水设施,径流全部注入渭河。

2.6.2　石头河水库枢纽

石头河水库枢纽工程是一座以城市供水、灌溉、发电、防洪、养殖等综合利用为主的大(2)型的水利工程,位于眉县县城南 15 km 处,是渭河南岸较大的一级支流,发源于秦岭北麓太白山区,控制流域面积673 km²。多年平均降水量816 mm,多年平均径流量4.4亿m³,总库容1.47 m³,有效库容1亿m³,年调水量2.7亿m³。

石头河水库枢纽工程由拦河坝、输水洞、溢洪道、泄洪洞、坝后电站等五部分组成。拦河坝为黏土心墙卵石坝。最大坝高114 m,坝顶宽10 m,最大底宽488 m,右岸输水洞设计流量70 m³/s。

综观石头河水库灌溉系统图、渠道分布及灌区内的所有耕地,渠道多为弧底梯形明渠,在东干渠有不少的倒虹、渡槽、涵洞等水工设施。

灌区设有总干渠、东干渠、北干渠、西干渠4条干渠,总长90.55 km;支渠14条,总长129.65 km;斗渠222条,总长415 km。其中西干渠、北干渠属原梅惠渠老灌区,是在20世纪40年代修建的;东干渠是与石头河水库同步修建的。灌区有输水建筑物744座,泵站24处,总装机容量1 230 kW,已配套机井1 430眼。

2.6.3 灌溉工程

石头河水库灌区设总干渠,辖东干渠、北干渠、西干渠3条干渠。总干渠设计引水流量70 m³/s,断面为直墙垣拱形(宽×高:6.4 m×7.2 m);东干渠设计引水流量11.5 m³/s,设计灌溉面积24.54万亩,断面为梯形;北干渠、西干渠属原梅惠渠灌区,建于1941年,北干渠设计引水流量5 m³/s,设计灌溉面积4.98万亩,断面为梯形,大部分为浆砌石衬砌;西干渠引水流量5 m³/s,设计灌溉面积4.35万亩,断面为梯形,大部分渠段为砌石衬砌;五丈原及河西支渠设计灌溉面积3.13万亩;4条干渠共有各类建筑物290座。支渠已衬砌90.1 km,占总长度的69.5%。其中,东干渠设支渠9条,已建成支渠总长66.65 km,已衬砌59.6 km,占总长度的89.4%;西干渠设支渠5条,总长46.45 km,已衬砌30.5 km,占总长度的65.7%。全灌区斗渠已衬砌40.67 km(干砌石衬砌),占总长度的9.8%,斗渠以下田间工程配套齐全的面积20.45万亩,仅占灌区设计面积的55.3%。

2.7 羊毛湾水库灌区

2.7.1 基本情况

羊毛湾水库灌区位于关中西部,东邻礼泉县城,西临漆水河,南至宝鸡峡引渭灌区总干渠,北至著名的旅游胜地乾陵坡脚,灌区西高东低为一带状,东西长约40 km,南北宽约10 km,总面积347 km²。灌区位于乾县中部,主要灌溉乾县和永寿、式功等县的14个乡(镇)的耕地。灌区总人口28万人,农业人口25.66万人。总耕地面积45.2万亩,设施灌溉面积32.54万亩,有效灌溉面积24万亩,作物种植以粮食、果品为主,兼种棉花、油菜等经济作物,是咸阳市粮、果主要生产基地。羊毛湾水库灌区自1970年投入运用以来,有效灌溉面积由开灌前4.09万亩扩大到24万亩,作物复种指数由1.10提高到1.60。

灌区土层深厚,土地肥沃,属洪积平原,为温带半干旱大陆性季风气候,多年平均降水量538 mm,年内分配不均,主要集中在7月、8月、9月三个月,约占年降水量的55.7%,多年平均蒸发量1 400 mm,多年平均气温12.1 ℃,年均无霜期224 d,日照时数2 194 h,最大冻土层深 0.6 m。

灌区水源由羊毛湾水库、引冯济羊(引水从冯家山水库到羊毛湾水库)及灌区东南部地下水三部分组成。根据羊毛湾水库入库站(1985～1997年)实测资料分析,扣除水库损失及排沙用水后,水库每年向灌区供水 6 060 万 m³,冯家山水库调水 2 000 万 m³,机井提取地下水 1 000 万 m³,折合渠首水量 1 470 万 m³,总计灌区多年平均水资源量 9 530 万 m³。

2.7.2　工程设施现状

羊毛湾水库位于渭河支流的漆水河中游,控制流域面积 1 100 km²。水库按 100 一遇洪水设计,2 000 年一遇洪水校核,总库容 1.2 亿 m³,其中兴利库容 522 万 m³,滞洪库容 5 280 万 m³,是一座以灌溉为主,兼顾养殖、防洪等综合利用的大(2)型水库。

灌区有总干渠 1 条,长 34.7 km,全部衬砌,设计流量 10 m³/s,加大流量 13 m³/s;南干渠 1 条,长 6.7 km;北干渠 1 条,长 6.4 km。南干渠部分为混凝土预制板衬砌,北干渠为土渠,干渠有各类建筑物 75 座,完好率 40%;支渠 20 条,总长 106.5 km,衬砌率 50.2%,各类建筑物 916 座,完好率 20%。田间工程有斗渠 366 条,长 338 km。灌区有各类抽水站 75 座,总装机 1.006 万 kW,有机电井 988 眼,是一个以蓄水自流灌为主,井灌和抽水灌溉相结合的大型灌区。

2.8　桃曲坡水库灌区

2.8.1　基本情况

桃曲坡水库灌区地处关中北部,北临铜川,西接三原,东南与东雷二期抽黄灌区接壤。灌区地貌大体分为石川河阶地和塬区两大部分,地势西高东低,高程为 850～490 m。

灌区具有典型的温带气候特征,昼夜温差大,空气湿度小;多年平均降水量 545.1 mm,降水时空分布不均衡,7～10 月降水量占全年降水量的 63.8%,而且多以暴雨或连阴雨形式出现;多年平均气温 12.9 ℃,实测最高温度 40.9 ℃,最低温度 -15.7 ℃;河流基本无封冻期,灌区最大风速达 20 m/s;多年平均蒸发量 885.6 mm,干旱指数 2.1。灌区土壤以中壤土为主,土层深厚,土质肥沃,具有较强的保水、保肥性能,适宜于各种农作物生长。

灌区地表水资源主要由马栏河、沮河、漆水河组成,其中水库控制沮河径流和马栏河引入水量,岔口引水枢纽拦引漆水河清水、洪水。灌区年均天然总径流量 16 098 万 m³,年均设计来水 14 818 万 m³,灌区平均实际引水量 3 550 万 m³,占可利用量的 24%。

灌区辖富平、耀县共 17 个(乡)镇 186 个行政村 829 个村民小组 6.9 万农户,总人口 43.1 万人,其中农业人口 34.5 万人,城镇人口 8.6 万人,总耕地面积 50.35 万亩,设计灌溉面积 31.83 万亩。

桃曲坡水库运行以来,灌区农业生产条件得到极大改善,农村经济有了长足发展,粮食平均亩产由开灌前的 101 kg 提高到近年的 461 kg,产业结构得到进一步调整,作物种植由单一的粮食型向多元、高效格局发展,主要作物种植比例为:小麦80%、玉米50%、果林10%、经济作物11%,复种指数1.51。

2.8.2　灌溉工程

灌区分塬上和川道2个灌溉系统,川道灌区主要由20世纪60年代中期开灌的石川河灌区和新中国成立前引水灌溉的沮水川道灌区组成,其灌溉面积20.33万亩;塬上灌区为水库建成后新开的灌区,其面积为11.5万亩。灌区设计灌溉面积31.83万亩,其中自流灌溉面积28.98万亩,抽水灌溉面积2.85万亩。由于工程老化失修、设施配套不全,当前灌区基本配套的灌溉面积仅有23.5万亩。

灌区共有引水枢纽3处,主要由水库、马栏、岔口和民联枢纽组成,河川径流的调节形式是由下游底坝枢纽自流引灌区漆水河来水,再由上游水库补偿调节的径流利用方式。

灌区共有干渠5条:高干渠、低干渠、东干渠、西干渠和民联渠,总长度77.8 km,已衬砌36.4 km,有各类建筑物389座,完好率60%;支渠35条,总长度139.21 km,已衬砌40.7 km,有各类建筑物892座,完好率60%;有斗渠、分渠1 924条,长度865.85 km,已衬砌102.6 km,各类建筑物18 847座,完好率60%。全灌区共有各类渠道1 964条,总长度1 098.16 km,衬砌长度179.7 km,占渠道总长度的16.4%;共有各类建筑物20 128座,完好率60%。

第 3 章   灌区引水特点分析

关中灌区引水主要用于灌溉、发电、工业、城镇生活等方面。由于发电用水为非消耗性用水，影响河道径流的主要是灌溉、工业、城镇生活等消耗性用水。因此，重点对消耗性引水量进行分析。

3.1   宝鸡峡灌区

1997～2006 年，宝鸡峡灌区年均引水量 2.68 亿 m^3，比多年（1991～2006 年）平均引水量（3.30 亿 m^3）少 0.62 亿 m^3，减小了 19%。最大引水量为 4.50 亿 m^3（1998 年），最小引水量为 1.73 亿 m^3（2003 年）。

1997～2006 年，宝鸡峡灌区年均引水量占同期林家村水文站来水量（9.67 亿 m^3）的 28%，引水量占来水量的比例最大为 101%（1997 年，接受冯家山水库跨流域调水导致偏高），最小为 10%（2005 年）（见图 3-1）。

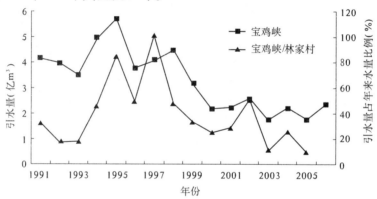

图 3-1   宝鸡峡灌区 1991～2006 年引水量及占林家村年来水量比例过程

3.2   交口抽渭灌区

交口抽渭灌区除 9 月、10 月两个月在大部分年份不引水外，其他各月均有引水。引水量相对集中在 3 月、6 月、7 月和 12 月，该 4 个月的引水量占到了全年引水量的 50%。

3.2.1   年引水量

1997～2006 年，交口抽渭灌区年均引水量 1.88 亿 m^3。其中，2001 年引水量最大，为 2.30 亿 m^3，最小的 1998 年引水量为 1.52 亿 m^3，仅为最大引水量的 66%。与 1991 年以来多年平均引水量（2.13 亿 m^3）相比，1997～2006 年年均引水量减少了 0.25 亿 m^3。十年中,只有 1997 年、2001 年和 2005 年三年的引水量略大于多年平均值,其他年份均小于多年平均值。1997~2006 年引水量明显有所减少,见图 3-2。

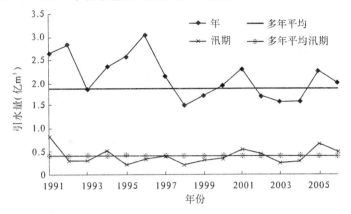

图 3-2 交口抽渭灌区历年引水量变化过程

1997~2006 年,交口抽渭灌区年均引水量占同期咸阳站来水量(20.51 亿 m³)的 9%,引水量占来水量的比例最大为 37%(1997 年),最小为 3%(2003 年)(见图 3-3)。

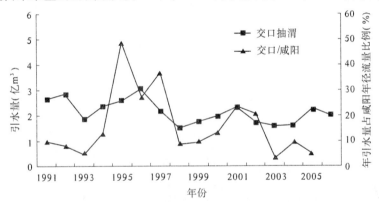

图 3-3 交口抽渭灌区 1991 年以来年引水量及占咸阳年径流量比例过程

3.2.2 汛期

1997~2006 年,交口抽渭灌区汛期平均引水量 0.40 亿 m³,占全年引水量的 21%。其中,2005 年汛期引水量最大,为 0.67 亿 m³。1997~2006 年灌区汛期引水量与多年均值 (0.41亿 m³)接近,变化不大,但汛期引水量占全年的比例比多年均值(19%)提高了 2%。

3.2.3 月引水量及年内分配变化

从 1997~2006 年交口抽渭灌区各月引水情况(见表 3-1)看,灌区在 9 月、10 月不引水(1997 年 9 月和 1998 年 10 月除外),其他月份平均月引水量均在 0.1 亿 m³ 以上,其中 3 月和 12 月引水量较大,十年平均月引水量均在 0.3 亿 m³ 以上,分别占全年引水量的 16.50%、17.02%;其次是 6 月、7 月,十年平均月引水量均大于 0.2 亿 m³。

与多年平均(1991~2006年)相比,1997~2006年3月、6月、7月的引水量有所增加,其他月则有不同程度的减少。从引水量年内分配情况看,1月、4月、5月、11月四个月引水量所占比例比多年平均值有所下降,7月比例下降最多,为2.97%;其他各月有所增大,3月、6月、7月三个月所占比例增大较多,均增大2%以上,见图3-4。

表3-1 交口抽渭灌区年均各月引水量及年内分配情况

项目	1月	2月	3月	4月	5月	6月	7月	8月	9月	10月	11月	12月
十年平均引水量(亿 m³)	0.11	0.16	0.31	0.13	0.11	0.21	0.25	0.15	0	0.01	0.12	0.32
多年平均引水量(亿 m³)	0.16	0.18	0.30	0.16	0.18	0.20	0.22	0.16	0.01	0.02	0.18	0.36
月分配比例(十年平均)(%)	5.85	8.51	16.50	6.91	5.85	11.17	13.30	7.98	0	0.53	6.38	17.02
月分配比例(多年平均)(%)	7.51	8.45	14.09	7.51	8.45	9.39	10.33	7.51	0.47	0.94	8.45	16.90

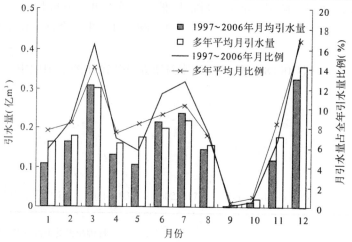

图3-4 交口抽渭灌区年均各月引水量及年内分配情况

3.3 泾惠渠灌区

3.3.1 年引水量

1997~2006年,泾惠渠灌区年均引水量3.43亿 m³,比1991年以来年均引水量(3.50亿 m³)偏小0.07亿 m³,偏小2%。其中,最大引水量为3.94亿 m³(2006年),最小引水量为2.88亿 m³(2001年)。十年中,只有2003年、2004年和2006年三年的引水量大于多年平均值,其他年份则接近或小于多年平均值(见图3-5)。

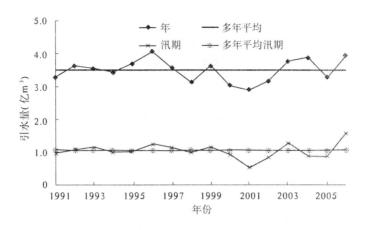

图 3-5　泾惠渠灌区历年引水量变化过程

1997～2006 年,泾惠渠灌区年均引水量占同期张家山站来水量(10.72 亿 m³)的 32%,引水量占来水量的比例最大为 47%(2006 年),最小为 18%(2003 年)(见图 3-6)。

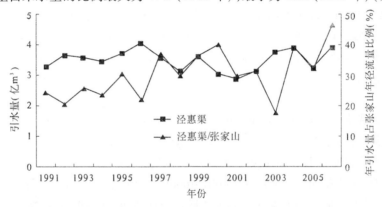

图 3-6　泾惠渠灌区 1991 年以来年引水量及占张家山年径流量过程

3.3.2　汛期

1997～2006 年,泾惠渠灌区汛期平均引水量为 1.02 亿 m³,与多年均值(1.04 亿 m³)相差不多,汛期占全年的比例为 29.77%,与多年平均值(29.81%)也比较接近。十年中, 2001 年汛期引水量最小,为 0.55 亿 m³,占全年比例也最小,仅为 19.10%;2006 年汛期引水量最大,达 1.57 亿 m³,占全年比例达 39.85%。

3.3.3　月引水量及年内分配变化

泾惠渠灌区各月引水量中,5 月引水量最小,不到 0.1 亿 m³,仅占年引水量的2.62%; 其他月均在 0.2 亿 m³ 以上,其中最大的 3 月引水量达 0.44 亿 m³,占全年引水量的 12.83%。

1997～2006 年,各月引水情况变化不大。与多年平均(1991～2006 年)相比,1997～ 2006 年 11 月引水量增加了 0.03 亿 m³,5 月、6 月、10 月、12 月减少了 0.02 亿～0.03 亿

m³,其他月基本没变化。与多年平均相比,各月引水所占比例情况,2月、3月、7~9月和11月引水量所占比例比多年平均值分别增加了0.12%~1.06%,其他月则均有所减少。泾惠渠灌区年均各月引水量及年内分配见表3-2、图3-7。

表3-2　泾惠渠灌区年均各月引水量及年内分配情况

项目	1月	2月	3月	4月	5月	6月	7月	8月	9月	10月	11月	12月
十年平均引水量(亿m³)	0.35	0.39	0.44	0.25	0.09	0.20	0.25	0.32	0.21	0.24	0.35	0.34
多年平均引水量(亿m³)	0.36	0.37	0.44	0.26	0.11	0.23	0.25	0.32	0.21	0.26	0.32	0.37
月分配比例(十年平均)(%)	10.21	11.37	12.83	7.29	2.62	5.83	7.29	9.33	6.12	7.00	10.20	9.91
月分配比例(多年平均)(%)	10.29	10.57	12.57	7.43	3.15	6.57	7.14	9.14	6.00	7.43	9.14	10.57

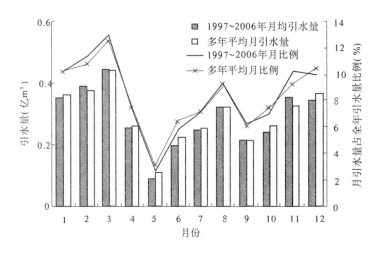

图3-7　泾惠渠灌区年均各月引水量及年内分配情况

3.4　洛惠渠灌区

洛惠渠灌区9月不引水,在大部分年份10月也不引水,其他各月均有引水。

3.4.1　年引水量

1997~2004年,洛惠渠灌区年均引水量1.95亿m³,与1991年以来多年平均引水量(2.13亿m³)相比,年均引水量减少了0.18亿m³,减少了8.45%。其中,最大引水量为2.46亿m³(2002年),最小引水量为1.42亿m³(2001年),见图3-8。

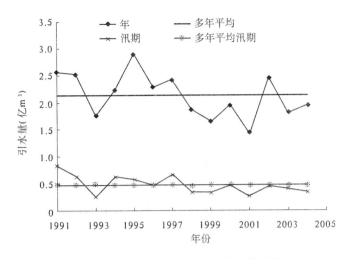

图 3-8　洛惠渠灌区历年引水量变化过程

1997～2004 年,洛惠渠灌区年均引水量占同期洑头站来水量(5.08 亿 m³)的 38%,引水量占来水量的比例最大为 86%(1997 年),最小为 17%(2003 年)(见图 3-9)。

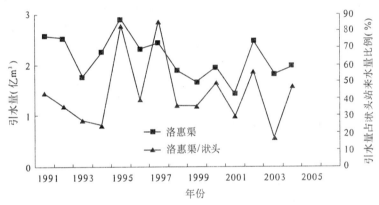

图 3-9　洛惠渠灌区 1991 年以来年引水量及占洑头年径流量过程

3.4.2　汛期

洛惠渠灌区 1997～2004 年汛期平均引水 0.41 亿 m³,其中 1997 年汛期引水量最大,为 0.67 亿 m³。与灌区多年平均汛期引水量(0.48 亿 m³)相比,近年汛期引水量减少了 14%,汛期引水量占全年的比例也由多年平均值 22% 减少到 21%。

3.4.3　月引水量及年内分配变化

从灌区引水情况看,洛惠渠灌区 9 月不引水,10 月在 1999 年后也不引水,其他月份中,3 月引水量最大,近年平均引水量 0.37 亿 m³,占年引水量的 19%。

与多年平均(1991～2004 年)相比,1997～2006 年除 10 月的引水量比多年平均值增加了 0.01 亿 m³ 外,其他月份均有不同程度减少,其中 7 月、8 月减少较多,减少了 0.04 亿 m³。从引水量年内分配情况看,5～8 月四个月引水量所占比例比多年平均值有所减少,最大的月份减少了 1.18%;其他月份均有所增加,3 月增加最多,达 1.60%,见表 3-3、图 3-10。

表 3-3　洛惠渠灌区年均各月引水量及年内分配情况

项目	1 月	2 月	3 月	4 月	5 月	6 月	7 月	8 月	9 月	10 月	11 月	12 月
近年平均引水量(亿 m³)	0.19	0.22	0.37	0.20	0.13	0.12	0.20	0.16	0	0.05	0.11	0.20
多年平均引水量(亿³)	0.20	0.22	0.37	0.22	0.15	0.15	0.24	0.20	0	0.04	0.12	0.22
月分配比例(近十年)(%)	9.74	11.28	18.97	10.26	6.67	6.15	10.26	8.21	0	2.56	5.64	10.26
月分配比例(多年平均)(%)	9.39	10.33	17.37	10.33	7.04	7.04	11.27	9.39	0	1.88	5.63	10.33

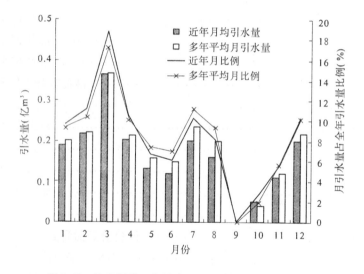

图 3-10　洛惠渠灌区年均各月引水量及年内分配情况

3.5　桃曲坡水库灌区

　　1997～2006 年,桃曲坡水库灌区年平均引水 0.45 亿 m³,各年引水量变化较大,2002 年引水量最大,达 0.64 亿 m³,是引水量最小的 1998 年(0.23 亿 m³)的 2.8 倍。与 1978 年以来多年平均引水量相比,1997～2006 年年均引水量略小于多年均值(0.47 亿 m³)。十年中,除 1998 年、2000 年和 2003 年引水量比多年均值偏小较多外,其他年份均接近或大于多年平均值,见图 3-11。

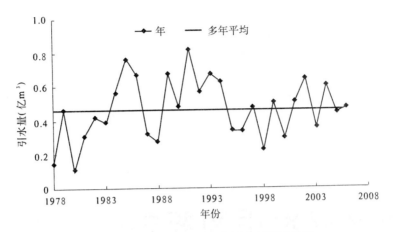

图 3-11　桃曲坡水库灌区历年引水量变化过程

3.6　关中灌区

从总的引水情况看,关中灌区年引水量呈缓慢减小趋势(见图 3-12)。其中,1997～2004 年关中灌区年均引水量为 13.22 亿 m³,与 1991 年以来的多年平均引水量(14.61 亿 m³)相比,1997～2004 年年均引水量减少了 1.39 亿 m³。八年中,年最大引水量为 15.72 亿 m³(1997 年),年最小引水量为 11.81 亿 m³(2003 年),除 1997 年引水量大于多年平均值外,其他年份引水量均小于多年平均值。

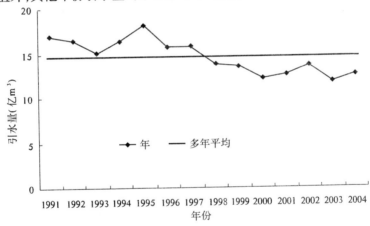

图 3-12　关中灌区 1991～2004 年引水量过程

图 3-13 为关中八大灌区 1997～2004 年年均引水量占关中灌区总引水量的比例。从图中可以看出,关中八大灌区中,泾惠渠引水量最大,占关中灌区总引水量的 26%;其次为宝鸡峡灌区,占关中灌区总引水量的 21%;洛惠渠灌区、交口抽渭灌区、冯家山水库灌区和石头河水库灌区引水量所占比例分别为 15%、14%、11% 和 9%;桃曲坡水库灌区引水量较小,所占比例为 3%;引水量最小的为羊毛湾水库灌区,仅占关中灌区总引水量的 1%。

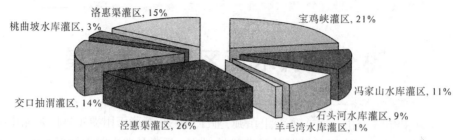

图 3-13　各灌区引水量占关中灌区总引水量比例分布

第4章 主要水文断面径流变化分析

4.1 主要水文断面径流变化特点

4.1.1 林家村

林家村水文站是渭河干流进入关中平原的控制站,位于宝鸡市林家村,水文断面以上控制流域面积 30 661 km²,占全流域面积的 23%。

由于宝鸡峡灌区的引水口门之一———宝鸡峡引水渠为直接在渭河上建拦河坝设闸引水,在林家村断面直接从渭河干流引水,林家村水文站的实测径流量实际上为宝鸡峡灌区引水后的径流量,因此以林家村水文站实测径流量与宝鸡峡引水渠的引水量之和作为渭河进入关中平原的径流量。

4.1.1.1 年际变化

1997 ~ 2005 年林家村断面年径流量过程见图 4-1。从图 4-1 可以看出,1998 ~ 2002 年,渭河林家村断面径流量呈逐年递减趋势,2002 ~ 2005 年径流量呈增—减—增的大幅度变化,但总体来说,2003 ~ 2005 年径流量明显比 1997 ~ 2002 年有所增加。1997 ~ 2005 年,林家村断面年均径流量为 9.67 亿 m³,比多年平均(1991 ~ 2005 年)11.15 亿 m³ 减少了 1.48 亿 m³,减少了 13%。其中 2005 年径流量最大,达 18.27 亿 m³;其次为 2003 年,为 15.62 亿 m³;最小的为 1997 年,仅为 4.02 亿 m³。九年中,除 2003 年和 2005 年径流量大于多年平均值外,其他年份均小于多年平均值。

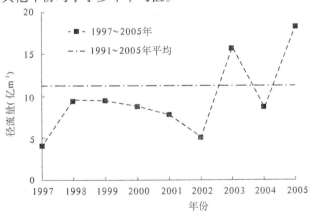

图 4-1 1997 ~ 2005 年林家村断面年径流量过程

4.1.1.2 汛期

1997 ~ 2005 年,林家村断面的汛期平均径流量为 5.86 亿 m³,占其年径流量的

60.6%。九年中,2003年汛期径流量最大,达12.05亿m³,占当年全年径流量的77%;其次是2005年,也接近12亿m³,占当年全年径流量的65%;其他年份则较小,最小的1997年为1.52亿m³,仅占当年全年径流量的38%。与多年平均汛期径流量6.35亿m³相比,1997~2005年平均汛期径流量减少了近0.5亿m³,九年中,除2003年和2005年汛期径流量大于多年平均值外,其他年份均小于多年平均值,见图4-2。

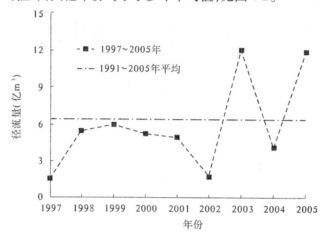

图4-2　1997~2005年林家村断面汛期径流量过程

4.1.1.3　月径流量及年内分配

1997~2005年,林家村断面各月径流量中7~10月径流量较大,均在1亿m³以上,其中10月最大,为1.81亿m³;1~4月和12月较小,不超过0.5亿m³;最小的为2月,仅0.31亿m³。与多年平均各月径流量相比,除10月径流量比多年平均增加了0.16亿m³外,其他月份径流量均比多年平均值有所减少。

从林家村断面径流量年内分配情况看,7~10月径流量占全年比例均大于13%,最大的10月达18.7%;径流量较小的1~4月和12月所占比例也较小,均小于5%。与多年平均情况相比,9~12月径流占全年的比例比多年平均值有所提高,其他月份则均小于多年平均值,见图4-3。

4.1.2　咸阳

咸阳水文断面位于陕西省咸阳市西关外铁匠嘴,距渭河入黄口211 km,控制咸阳以上流域面积46 827 km²,占渭河总流域面积的35%。

4.1.2.1　年际变化

1997~2006年,咸阳断面年均径流量为20.51亿m³,比多年平均(1991~2006年)径流量(21.27亿m³)减少了0.76亿m³。十年中,除2003年和2005年的径流量大于多年平均值外,其他年份均小于多年平均值。最大的2003年径流量为49.11亿m³,是多年平均值的2.31倍;1997年最小,为5.77亿m³,仅为多年平均值的27%,见图4-4。

4.1.2.2　汛期

1997~2006年,咸阳断面年均汛期径流量为13.63亿m³,占全年径流量的66%。十年中,咸阳断面汛期径流量为1.39亿~40.34亿m³,年际变化较大,最大的为2003年汛

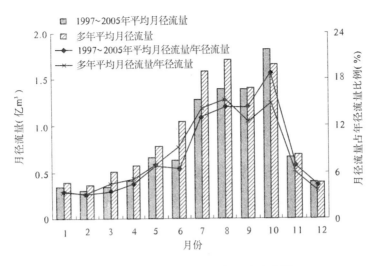

图 4-3　林家村断面月径流量及年内分配

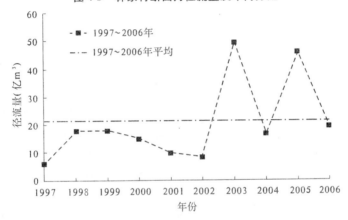

图 4-4　1997～2006 年咸阳断面年径流量过程

期径流量,是最小的 1997 年汛期径流量的近 29 倍。与多年平均汛期径流量(12.50 亿 m³)相比,1997～2006 年比多年平均值增加了 1.13 亿 m³。十年中,2003 年和 2005 年的汛期径流量明显大于多年平均值,其中 2003 年的汛期径流量为多年平均值的 3 倍多,1998 年与多年平均值接近,其他年份则明显小于多年平均值,见图 4-5。

4.1.2.3　月径流量及年内分配

从咸阳断面 1997～2006 年十年平均各月径流量情况看,10 月的径流量最大,为 4.78 亿 m³;其次为 9 月,为 3.88 亿 m³;1～3 月和 12 月较小,最小的为 2 月,径流量仅为 0.45 亿 m³。与多年平均相比,1997～2006 年咸阳断面 8 月、9 月、10 月的径流量比多年平均值有所增加,其中 10 月增加最多,增加了 0.88 亿 m³;其他月份则有所减少,减少最多的是 6 月,减少了 0.58 亿 m³。

分析咸阳断面径流量的年内分配情况,7～10 月径流量占全年径流量的比例较大,均大于 10%,10 月所占比例最大,达 23%;1～4 月和 12 月所占比例较小,均小于 4%,最小的 2 月仅占 2.2%。与多年平均径流量的年内分配情况相比,1997～2006 年咸阳断面 8 月、9 月、10 月径流量所占比例有所增加,其他月份所占比例则均比多年平均值有所下降,见图4-6。

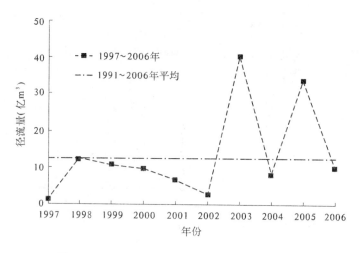

图 4-5 1997～2006 年咸阳断面汛期径流量过程

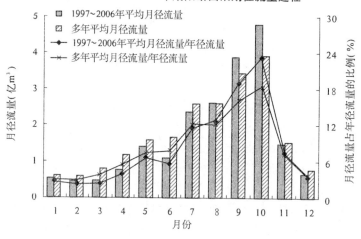

图 4-6 咸阳断面月径流量及年内分配

4.1.3 华县

华县水文断面位于陕西省华县下庙乡苟家堡,距渭河入黄口 73 km,控制流域面积 106 498 km²,占渭河流域面积的 79%,是渭河入黄河的控制断面。

4.1.3.1 年际变化

1997～2006 年,华县断面径流量年际变化较大,最大的 2003 年径流量为 93.39 亿 m³,是径流量最小的 1997 年(16.83 亿 m³)的 5 倍多。1997～2006 年,华县断面年均径流量为 41.91 亿 m³,比多年平均(1997～2006 年)径流量(42.66 亿 m³)减少了 0.75 亿 m³。十年中,除 2003 年和 2005 年的径流量大于多年平均值外,其他年份的径流量均小于多年平均值,见图 4-7。

4.1.3.2 汛期

1997～2006 年,华县断面的汛期平均径流量为 26.76 亿 m³,占全年径流量的 64%。十年中,2003 年的汛期径流量最大,为 74.99 亿 m³,占当年径流量的 80%;其次是 2005

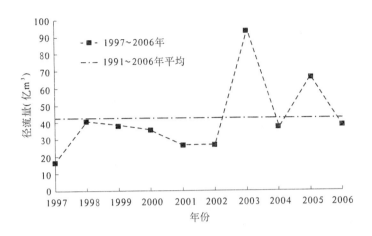

图 4-7　1997～2006 年华县断面年径流量过程

年,汛期径流量为 50.30 亿 m³,占当年径流量的 76%;1997 年汛期径流量最小,为 6.06
亿 m³,占当年径流量的 36%。与多年平均相比,1997～2006 年华县断面汛期径流量比多
年平均值(25.54 亿 m³)增加了 1.22 亿 m³;十年中,除 1998 年、2003 年和 2005 年的汛期
径流量大于多年平均值外,其他年份均小于多年平均值,见图 4-8。

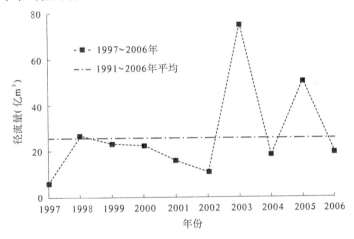

图 4-8　1997～2006 年华县断面汛期径流量过程

4.1.3.3　月径流量及年内分配

1997～2006 年,华县断面各月径流量为 1.14 亿～9.32 亿 m³,其中 10 月最大,其次
是 9 月,1 月、2 月、3 月较小,均小于 1.3 亿 m³。从各月径流量占全年径流量的比例看,
7～10 月所占比例较大,均在 11% 以上,最大的 10 月达到 22%;1～4 月和 12 月所占比例
较小,均不超过 4%。

与多年平均各月径流量相比,9 月、10 月径流量明显增加,1 月、2 月、5 月、12 月变化
不大,其他月份则明显比多年平均值有所减少。对比华县断面径流量的年内分配情况,
1997～2006 年华县断面各月径流量所占比例,除 9 月、10 月比多年平均值明显增大,4

月、6月比多年平均值明显减小外,其他月份变化不大,见图4-9。

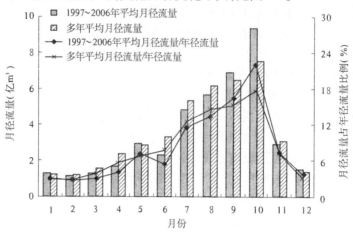

图4-9 华县断面月径流量及年内分配

4.1.4 张家山

张家山水文站是渭河一级支流泾河下游的国家重要控制站,位于陕西省泾阳县王桥乡赵家沟村,距入渭河口58 km,控制流域面积43 216 km²,占流域总面积的95%以上,为泾河入渭的控制站。

泾惠渠灌区的引水闸位于张家山断面附近,在张家山测流断面上游直接从泾河引水,因此张家山水文站的河道实测径流量为泾河入渭径流量,张家山河道实测径流量和泾惠渠的引水量之和为泾河上游来水量。

4.1.4.1 年际变化

1997～2006年,泾河张家山断面来水量为7.55亿～21.20亿m³,其中2003年来水量最大,2000年来水量最小。张家山1997～2006年平均来水量为10.72亿m³,与多年平均(1991～2006年)来水量相比,比多年平均值(12.32亿m³)减少了1.6亿m³,减少了13%;十年中,除2003年来水量大于多年平均值外,其他年份来水量均小于多年平均值。

1997～2006年,张家山断面平均下泄量7.29亿m³,占来水量的68%;比多年平均下泄量(8.82亿m³)减少了1.53亿m³。十年中,2003年下泄量最大,达17.42亿m³,2000年和2006年较少,仅为4.5亿m³,见图4-10。

4.1.4.2 汛期

1997～2006年,张家山汛期来水量平均为6.27亿m³,占全年来水量的58%,比多年平均汛期来水量(7.27亿m³)减少了1亿m³。其中,2003年汛期来水量最大,为16.05亿m³,其他年份的汛期来水量为3.46亿～6.38亿m³。

1997～2006年,张家山断面的汛期下泄量平均为5.24亿m³,占全年下泄量的72%。与多年平均汛期下泄量(6.22亿m³)相比,减少了0.98亿m³。十年中,除2003年汛期下泄量较大,超过了多年平均值外,其他年份的下泄量均小于多年平均值。

从汛期下泄量占来水量的比例情况看,1997～2006年张家山断面汛期下泄量占来水量的比例来看,2006年最小,为67%,其他年份均在70%以上,2003年最大,达92%,见图4-11。

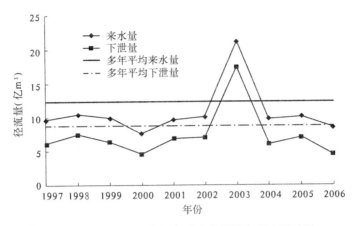

图 4-10　1997 ~ 2006 年泾河张家山断面年径流量过程

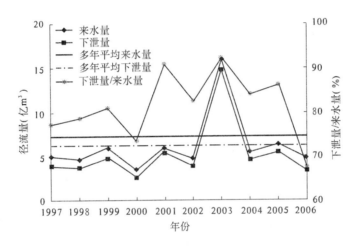

图 4-11　1997 ~ 2006 年泾河张家山断面汛期径流量过程

4.1.4.3　月径流量及年内分配

从各月来水量情况看,1997 ~ 2006 年张家山断面月来水量为 0.42 亿 ~ 1.95 亿 m^3,其中 7 ~ 10 月的来水量较大,在 1.2 亿 m^3 以上;其他月份来水量较小,均小于 0.7 亿 m^3。与多年平均各月来水量相比,5 月、10 月两个月份的来水量有所增加,其他月份的来水量则有所减少。

1997 ~ 2006 年,张家山断面各月来水量占全年的比例,8 月最大,达 18.19% ,1 月最小,为 3.92% 。与多年平均情况相比,3 月、4 月、6 月、7 月、8 月所占比例有所降低,其他月份则有所增加,见表 4-1、图 4-12。

张家山断面 1997 ~ 2006 年平均各月下泄量中,7 ~ 10 月下泄量较大,均大于 1.00 亿 m^3,最大的 8 月下泄量为 1.63 亿 m^3;其他月份下泄量不超过 0.54 亿 m^3,1 月下泄量最小,为 0.06 亿 m^3。与多年平均相比,5 月和 10 月下泄量有所增加,其他月份下泄量则均小于多年平均值,其中 8 月下泄量减少最多,减少了 0.67 亿 m^3。

表4-1　1997～2006年泾河张家山断面平均月径流量及年内分配情况

分类	项目	1月	2月	3月	4月	5月	6月	7月	8月	9月	10月	11月	12月
来水量	1997～2006年平均(亿 m^3)	0.42	0.51	0.66	0.43	0.63	0.69	1.69	1.95	1.21	1.41	0.67	0.45
	多年平均(亿 m^3)	0.44	0.55	0.76	0.55	0.62	0.93	2.11	2.62	1.26	1.28	0.72	0.48
	1997～2006年[*] (%)	3.92	4.76	6.16	4.01	5.88	6.43	15.76	18.19	11.29	13.15	6.25	4.20
	多年平均[*] (%)	3.57	4.46	6.17	4.46	5.03	7.55	17.13	21.27	10.23	10.39	5.84	3.90
下泄量	1997～2006年平均(亿 m^3)	0.06	0.12	0.22	0.17	0.54	0.51	1.44	1.63	1.00	1.17	0.32	0.11
	多年平均(亿 m^3)	0.09	0.17	0.32	0.30	0.51	0.70	1.86	2.30	1.04	1.02	0.40	0.11
	1997～2006年[*] (%)	0.82	1.65	3.02	2.33	7.41	6.99	19.75	22.36	13.72	16.05	4.39	1.51
	多年平均[*] (%)	1.02	1.93	3.63	3.40	5.78	7.94	21.09	26.08	11.79	11.56	4.53	1.25

注：[*]指月径流量占全年径流量的比例。

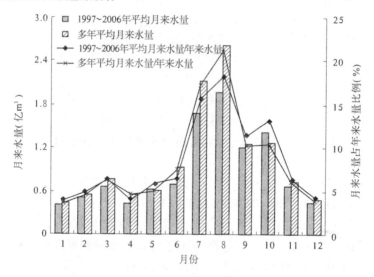

图4-12　泾河张家山断面月来水量及年内分配

从下泄量年内分配情况看,1997～2006年7～10月所占比例较大,均在13%以上,最大的8月达到22.4%;1～4月和11月、12月所占比例较小,均不超过5%,最小的1月仅占全年下泄量的0.8%。与多年平均情况相比,5月、9月、10月和12月所占比例有所增加,其他月份则有所下降,见图4-13。

对比张家山断面的来水量和下泄量,1997～2006年张家山断面5～10月下泄量占来水量的比例较大,均大于70%,最大的5月达到85.71%;1月、2月、12月则较小,不大于25%,最小的1月仅为14.29%。与多年平均相比,5月、10月和12月断面下泄水量占来

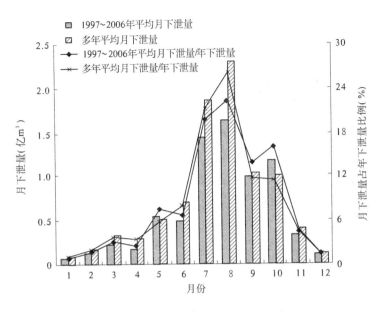

图4-13　泾河张家山断面月下泄量及年内分配

水量的比例有所增加,其他月份则均有所下降,见表4-2。

表4-2　1997~2006年泾河张家山断面平均月下泄量占来水量比例　　　　　　　　（%）

项目	1月	2月	3月	4月	5月	6月	7月	8月	9月	10月	11月	12月
1997~2006年月下泄量占来水量比例	14.29	3.53	33.33	39.53	85.71	73.91	85.21	83.59	82.64	82.98	47.76	24.44
多年平均月下泄量占来水量比例	20.45	30.90	42.11	54.55	82.26	75.27	88.15	87.79	82.54	79.69	55.56	22.92

4.1.5　洑头

洑头水文站是渭河一级支流北洛河下游的国家重要控制站,位于陕西省蒲城县东城乡尧堡村,距入渭河口130 km,控制集水面积25 645 km²,占流域总面积的95.3%,为北洛河入渭河的控制站。

洛惠渠灌区的引水闸位于洑头断面,在洑头测流断面上游直接从泾河引水,因此洑头水文站的河道实测径流量为北洛河入渭河径流量,洑头河道实测径流量和洛惠渠的引水量之和为洑头上游来水量。

4.1.5.1　年际变化

1997~2004年,北洛河洑头断面年均来水量7.03亿 m³,其中2003年来水量最大,为12.58亿 m³;1997年最小,仅5.24亿 m³。与多年平均(1991~2004年)来水量(7.77亿 m³)相比,年均来水量比多年均值偏少0.74亿 m³;八年中,除2003年的来水量明显大于多年平均值外,其他年份均低于多年平均值。

从下泄水量来看,1997~2004年洑头断面年均下泄水量5.08亿 m³,比多年平均下泄水量(5.63亿m³)偏少0.55亿m³;其中,2003年下泄量最大,为8.39亿m³,是最小下泄量2.82亿m³(1997年)的3倍。1997~2004年洑头断面年径流量过程见图4-14。

从图4-14可以看出,北洛河洑头断面的年下泄量与来水量变化一致,随来水量的增减而增减。

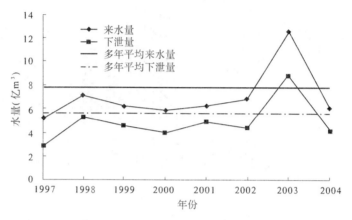

图4-14　1997~2004年洑头断面年径流量过程

4.1.5.2　汛期

1997~2004年,北洛河洑头断面汛期平均来水量为3.75亿m³,占年来水量的53.42%。比多年平均(1991~2004年)汛期来水量(3.90亿m³)偏少0.15亿m³。八年中,2003年汛期来水量最大,为8.80亿m³,是多年平均值的2.2倍;其他年份则低于或接近多年平均值,基本为2.41亿~3.80亿m³,最小的是1997年。

北洛河洑头断面汛期下泄水量与其同期来水量变化一致。1997~2004年洑头断面汛期平均下泄量为3.34亿m³。比多年平均(1991~2004年)汛期下泄量(3.43亿m³)略偏少0.09亿m³。八年中,2003年汛期下泄最多,为8.39亿m³,明显高于多年平均汛期下泄量;其他年份则低于或接近多年平均值,基本为1.74亿~3.54亿m³,但汛期下泄量占同期来水量的比例却比较高。

比较洑头断面汛期下泄量与同期来水量,1997~2004年洑头断面汛期平均下泄量占同期来水量的89%,其中最小的1997年占72%,其他年份均在80%以上,最大的2003年汛期下泄水量占同期来水量的95%,见图4-15。

4.1.5.3　月径流量及年内分配

洑头断面年内各月来水量相差较多,为0.32亿~1.13亿m³。从1997~2004年八年平均情况看,7月、8月洑头断面来水量较大,均大于1.00亿m³;1月、2月和12月来水量较小,均不超过0.35亿m³。与多年平均(1991~2004年)各月来水量相比,除10月、11月来水量略大于多年平均值外,其他月份均小于其多年平均值。

从各月来水量占全年总来水量情况看,8月所占比例最大,为16.07%,1月最小,还不到5%。与多年平均年内分配情况相比,1月、7月、10月、11月所占比例有所增加,其中10月增加最多,比多年平均值增加了4.01%;其他月份所占比例则有所减少,最多的4月比例减少了2.54%,见表4-3、图4-16。

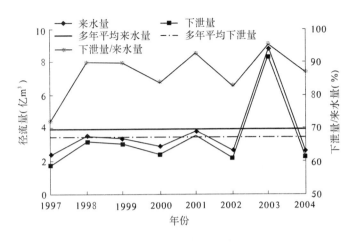

图 4-15　1997～2004 年洑头断面汛期径流量过程

表 4-3　1997～2004 年北洛河洑头断面平均月径流量及年内分配情况

分类	项目	1月	2月	3月	4月	5月	6月	7月	8月	9月	10月	11月	12月
来水量	1997～2004 年平均（亿 m³）	0.32	0.35	0.53	0.41	0.42	0.41	1.01	1.13	0.65	0.96	0.50	0.34
	多年平均（亿 m³）	0.33	0.39	0.65	0.65	0.47	0.51	1.03	1.38	0.75	0.75	0.48	0.38
	1997～2004 年* （%）	4.55	4.98	7.54	5.83	5.97	5.83	14.37	16.07	9.25	13.66	7.11	4.84
	多年平均* （%）	4.25	5.02	8.37	8.37	6.05	6.56	13.25	17.76	9.65	9.65	6.18	4.89
下泄量	1997～2004 年平均（亿 m³）	0.13	0.13	0.17	0.20	0.29	0.29	0.81	0.97	0.65	0.91	0.39	0.14
	多年平均（亿 m³）	0.13	0.17	0.28	0.43	0.31	0.36	0.79	1.18	0.75	0.71	0.36	0.16
	1997～2004 年* （%）	2.56	2.56	3.35	3.94	5.71	5.71	15.94	19.09	12.79	17.91	7.68	2.76
	多年平均* （%）	2.31	3.02	4.97	7.64	5.51	6.40	14.03	20.96	13.32	12.61	6.39	2.84

注：* 指月径流量占全年径流量的比例。

　　从洑头断面各月的下泄水量看,8 月、10 月两个月下泄量较大,均超过 0.9 亿 m³;1～4 月和 12 月下泄量较小,不到 0.2 亿 m³,最小的 1 月下泄量仅 0.13 亿 m³。与多年平均各月下泄量相比,3 月、4 月、6 月、8 月和 9 月 5 个月下泄量减少较多,10 月下泄量明显增加,其他月份则与多年平均值接近。

　　对比各月下泄量占全年的比例,8 月所占比例最大,达 19.09%;1 月、2 月、3 月、4 月和 12 月所占比例较小,均不到 4%。与多年平均值相比,除 5 月、7 月、10 月和 11 月 4 个月所占比例有所增加外,其他月份均小于多年平均值,见图 4-17。

　　1997～2004 年北洛河洑头断面平均月下泄量占来水量比例见表 4-4。从表 4-4 可以

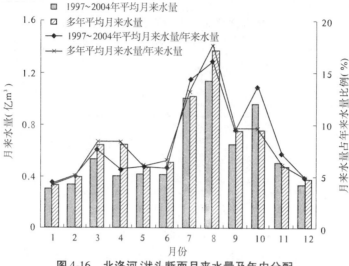

图 4-16　北洛河洑头断面月来水量及年内分配

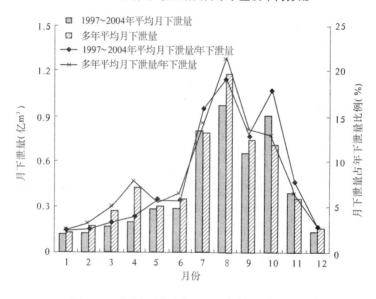

图 4-17　北洛河洑头断面月下泄量及年内分配

看出,除 9 月不引水,洑头断面来水量全部下泄外,10 月下泄量占来水量的比例最大,接近 95%;1 月、2 月、3 月所占比例较小,不到 40%,洛惠渠灌区引水量最大的 3 月下泄量占来水量的比例最小,仅为 32.08%。与多年平均断面下泄量占来水量的比例相比,6 月、7 月、8 月、10 月和 11 月所占比例有所增大,其他月份则均小于多年平均值。

表 4-4　1997～2004 年北洛河洑头断面平均月下泄量占来水量比例　　　　　（%）

项目	1 月	2 月	3 月	4 月	5 月	6 月	7 月	8 月	9 月	10 月	11 月	12 月
1997～2004 年月下泄量占来水量比例	40.63	37.14	32.08	48.78	69.05	70.73	80.20	85.84	100	94.79	78.00	41.18
多年平均月下泄量占来水量比例	39.39	43.59	43.08	66.15	65.96	70.59	76.70	85.51	100	94.67	75.00	42.11

4.2 主要水文断面间径流变化关系分析

4.2.1 林家村—咸阳

林家村—咸阳河段全长 171 km,区间内主要有直接从干流上引水的宝鸡峡灌区和从支流上引水的冯家山水库灌区、石头河水库灌区和羊毛湾水库灌区,在该河段,沿岸不断有支流加入,主要为千河、漆水河、清姜河、汤峪河、黑河和涝河。此外,渭河干流还接纳了沿岸城市排放的大量污水。

林家村—咸阳河段水量统计及变化过程见表 4-5、图 4-18。从表 4-5、图 4-18 中可以看出:

1997~2005 年,咸阳断面的径流量均大于林家村断面的来水量,咸阳断面年均径流量是林家村断面的 2 倍多,咸阳断面与林家村断面径流量变化趋势基本一致。

九年中,林家村—咸阳河段区间增水量为 10.97 亿 m³,为林家村来水量的 113%,其中 2003 年区间增水量最大,达 33.49 亿 m³;1997 年最小,为 1.75 亿 m³。区间增水量的变化与咸阳断面径流量变化趋势一致,随其径流量的增减而增减。

1997~2005 年,林家村—咸阳河段区间灌区引水量年际变化不大,为 3.76 亿~6.04 亿 m³,平均为 4.97 亿 m³,分别为林家村来水量、区间增水量的 51%、45%。

林家村—咸阳河段区间支流加入量较大,年均为 7.30 亿 m³,为林家村断面来水量的 75%,占区间增水量的 67%。区间支流加入量的年际变化较大,最大为 16.54 亿 m³(2003 年),是最小(2.61 亿 m³,1997 年)的 6 倍多。区间支流的变化趋势与咸阳断面径流量和区间增水量的变化趋势一致。

表 4-5　林家村—咸阳河段水量统计　　　　　　(单位:亿 m³)

年份	林家村 径流量	咸阳 径流量	区间 增水量	区间 支流加入量	区间 引水量	区间水量 不平衡差
1997	4.02	5.77	1.75	2.61	6.04	5.18
1998	9.43	17.81	8.38	9.63	4.75	3.5
1999	9.45	17.93	8.48	6.50	5.81	7.79
2000	8.74	14.75	6.01	5.07	5.15	6.09
2001	7.79	9.87	2.08	3.40	5.12	3.8
2002	5.06	8.24	3.18	3.69	5.25	4.74
2003	15.62	49.11	33.49	16.54	3.76	20.71
2004	8.67	16.60	7.93	3.82	4.31	8.42
2005	18.27	45.72	27.45	14.42	4.53	17.56
平均	9.67	20.64	10.97	7.30	4.97	8.64
占林家村 径流量比例(%)		213	113	75	51	89
占区间 增水量比例(%)				67	45	79

从河段的水量平衡结果看,林家村—咸阳河段水量不平衡差较大,1997～2005年河段水量不平衡差平均达8.64亿m³。造成河段水量不平衡差的主要原因有二:一是沿岸大量城市污水的排入;二是区间支流加入量为支流水文站控制范围内的径流量,区间内尚有未控区域的径流量部分。

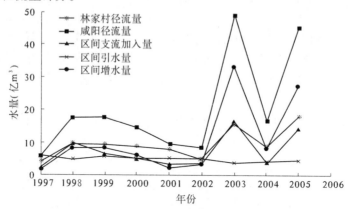

图4-18 林家村—咸阳河段水量变化过程

渭河干流水量呈沿程递增趋势,从林家村水文站到咸阳水文站,年径流量增加了1倍多。林家村水文站年径流量与咸阳水文站年径流量具有良好的线性关系(见图4-19)。

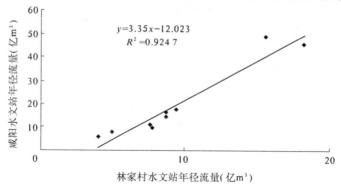

图4-19 渭河干流林家村—咸阳年径流量关系

4.2.2 咸阳—华县

1997～2006年,咸阳、华县断面年均实测径流量分别为20.51亿m³、41.91亿m³。十年中,两断面最大径流量均发生在2003年,分别为49.11亿m³、93.39亿m³;最小径流量均发生在1997年,分别为5.77亿m³、16.83亿m³。

渭河咸阳—华县段区间有4条较大支流加入,其中北岸有泾河、石川河,南岸有沣河和灞河。1997～2005年,支流年均实测径流量为21.84亿m³,其中泾河径流量最大,为11.53亿m³,占支流总径流量的52.8%。扣除支流灌区引水,支流入渭水量为16.86亿m³,其中泾河入渭水量为10.05亿m³,占支流入渭总量的60%;其次是灞河和沣河,分别为3.60亿m³和2.02亿m³。

该区间有三个灌区,分别为直接从渭河抽水的交口抽渭灌区、石川河上的桃曲坡水库灌区和泾河上的泾惠渠灌区。1997~2006年,灌区年均引水量为5.75亿m³,其中泾惠渠灌区引水量最大,为3.43亿m³,占区间总引水量的60%;其次是交口抽渭灌区,年引水量为1.87亿m³,占区间总引水量的32.5%;桃曲坡灌区引水量较小,仅为0.45亿m³,还不到区间总引水量的8%。

从咸阳—华县区间各项水量变化过程(见图4-20)可以看出,华县断面年实测径流量与咸阳断面来水和区间支流入渭水量变化趋势一致,区间灌区引水量相对较小且年际变化不大;华县断面的径流量主要受咸阳断面来水和区间支流入渭水量的影响,随它们的增减而增减。从泾惠渠灌区引水对泾河桃园站径流影响分析可知,泾河入渭水量明显受泾惠渠灌区引水影响,因此泾惠渠引水对华县断面径流量有一定影响。

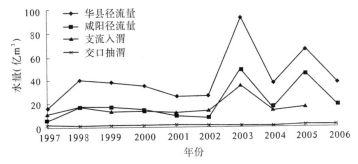

图4-20 1997~2006年渭河咸阳—华县区间水量变化过程

分别分析华县断面年实测径流量与咸阳断面来水和区间支流入渭水量的相关关系可以看出,华县断面径流量与二者存在较好的线性相关关系,见图4-21。

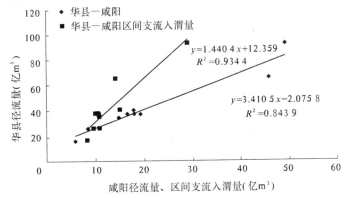

图4-21 华县—咸阳(区间支流入渭)实测径流量关系

4.2.3 林家村—渭河入黄

渭河林家村以下河段为渭河的主要增水河段,支流区间来水远大于干流来水,支流区间来水是干流林家村来水的4倍多。干流林家村断面来水相对比较平稳,区间支流来水波动较大,造成渭河入黄水量明显的波动变化(见图4-22)。

1997~2004年,渭河年平均入黄水量为44.78亿m³,其中渭河干流林家村来水量为

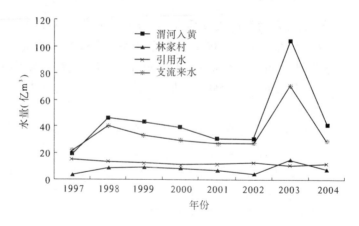

图 4-22　渭河林家村以下河段干支流来水、引用水及入黄水量过程

8.60 亿 m³，区间引水量为 13.22 亿 m³，区间支流来水量为 35.07 亿 m³，区间水量不平衡差为 14.33 亿 m³，分别占渭河入黄水量的 19%、30%、78%、32%（见表 4-6）。造成区间水量不平衡差的原因与上述两个河段相同，即为未控区间径流加入、区间城镇污废水、未控区间引水及干支流水利工程的调蓄运用等。

表 4-6　1997～2004 年渭河林家村以下河段水量平衡表

项目	林家村	引用水	支流来水（已控）	入黄水量	水量不平衡差
水量（亿 m³）	8.60	13.22	35.07	44.78	−14.33
占入黄水量（%）	19	30	78	100	32

　　从目前的水文站情况看，关中平原的众多支流仅有较大的支流上有水文站且现有水文站大多距入渭口较远，其控制流域面积仅占区间流域总面积的 79%，林家村以下河段及各支流均存在一部分未控区间，经分析区间支流的未控径流量为 9.62 亿 m³。渭河进入关中平原后，还接纳了区间沿河两岸大量的城镇污废水，据统计，1997～2004 年林家村以下河段区间的城镇排水量为 6.55 亿 m³。由此可见，该区间未控区间径流的加入量、区间沿河两岸城镇污废水排入量均较大，对渭河入黄水量的影响不容忽略。

第5章 关中灌区引水对渭河
入黄水量的影响

5.1 林家村—咸阳河段灌区引水对咸阳径流影响

根据渭河林家村—咸阳河段干支流水量平衡分析结果,运用回归分析的方法,分析出咸阳断面年径流量与林家村年径流量、支流下泄水量、引水量的关系如下

$$W_咸 = 1.287\ 4W_林 + 1.855\ 5W_支 - 0.908\ 1W_引 \tag{5-1}$$

式中:$W_咸$ 为咸阳断面年径流量,亿 m^3;$W_林$ 为林家村断面年径流量,亿 m^3;$W_支$ 为林家村—咸阳河段支流下泄水量,亿 m^3;$W_引$ 为林家村—咸阳河段区间引用水量,亿 m^3。

式(5-1)的相关系数为0.99。可以看出,咸阳断面年径流量与林家村年径流量、支流下泄水量成正比,与区间引水量成反比,区间引水量越大,咸阳断面径流量越小。在干流上断面来水量和区间泄流量不变的情况下,区间年引用水量每增大 1 亿 m^3,咸阳断面径流量就减小约 0.9 亿 m^3。

5.2 泾惠渠灌区和交口抽渭灌区引水对华县径流影响

5.2.1 泾惠渠灌区引水对桃园径流的影响

经统计分析,1997~2006 年泾惠渠灌区年引水量占泾河来水(张家山)的32%,其中汛期引水量占泾河同期径流量的16%。从各月情况看,5~10月泾惠渠灌区引水占来水比例较小,低于30%;其他月份则较大,均在50%以上,最大的1月占到了85%,见表5-1。

表 5-1 1997~2006 年月均泾河径流量、泾惠渠灌区引水量

项目	1 月	2 月	3 月	4 月	5 月	6 月	7 月	8 月	9 月	10 月	11 月	12 月
张家山来水量(亿 m^3)	0.41	0.51	0.66	0.43	0.63	0.69	1.69	1.95	1.21	1.41	0.67	0.45
灌区引水量(亿 m^3)	0.35	0.39	0.44	0.25	0.09	0.20	0.25	0.32	0.21	0.24	0.35	0.34
灌区引水量占泾河来水量比例(%)	85	76	67	58	14	29	15	16	17	17	52	76

桃园站实测径流量与张家山站实测径流量存在较好的线性相关关系,见图5-1。

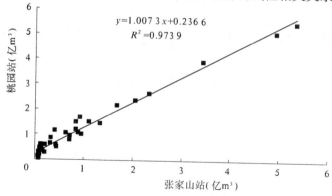

图5-1 泾河桃园站与张家山站实测径流量相关关系

对泾河桃园站月实测径流量、张家山站月来水量和泾惠渠月引水量进行多元回归分析,得到回归方程,即

$$W_{桃园} = 1.012\,639 W_{张家山} - 0.503\,77 W_{泾惠渠} + 0.071\,015 \quad (R^2 = 0.98) \qquad (5\text{-}2)$$

式中:$W_{桃园}$为桃园站月实测径流量;$W_{张家山}$为张家山站月来水量,等于张家山站河道来水量和泾惠渠引水量之和;$W_{泾惠渠}$为泾惠渠月引水量。

由式(5-2)可知,桃园断面径流量与张家山来水量成正比,张家山来水量越大,桃园断面径流量越大;桃园面径流量与泾惠渠灌区引水量成反比,灌区引水量越大,桃园断面径流量越小。在上游来水量不变的情况下,泾惠渠灌区每引水1亿 m^3,桃园断面径流量将相应减小约0.50亿 m^3。

表5-2、图5-2为1997～2006年泾惠渠灌区引水和不引水情况下的桃园断面月径流减少量,由表5-2可以看出:1997～2006年,泾惠渠灌区引水造成桃园断面径流量年均减少1.73亿 m^3,减少了15%。从各月径流量减少情况看,3月径流量减少最多,达0.22亿 m^3;5月最少,仅减少0.05亿 m^3。

表5-2 1997～2006年泾惠渠灌区引水造成桃园断面径流减少量 （单位:亿 m^3）

项目	1月	2月	3月	4月	5月	6月	7月	8月	9月	10月	11月	12月	年
不引水时径流量	0.49	0.58	0.74	0.51	0.71	0.77	1.78	2.04	1.30	1.50	0.75	0.53	11.70
引水时径流量	0.31	0.39	0.52	0.38	0.66	0.67	1.66	1.88	1.19	1.38	0.57	0.36	9.97
引水造成减少量	0.18	0.19	0.22	0.13	0.05	0.10	0.12	0.16	0.11	0.12	0.18	0.17	1.73
径流减少比例(%)	36	33	30	25	7	13	7	8	8	8	24	32	15

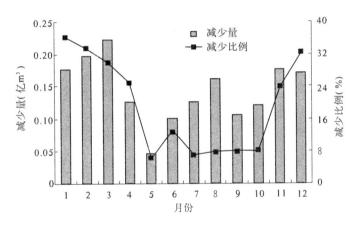

图 5-2　桃园水文断面月径流减少情况

5.2.2　交口抽渭灌区引水对华县径流影响

交口抽渭灌区为大型电力抽水灌区,灌区从位于华县断面上游 54 km 的西安市临潼区交口镇西楼村通过抽水电站直接从渭河干流抽水灌溉。1997～2006 年,灌区年均引水量为 1.87 亿 m³,占咸阳来水量的 9%,还不到华县实测径流量的 1/20。由于灌区是直接从渭河干流引水,灌区渠首的引水量即为由于灌区引水而造成下游华县断面径流的减少量。除交口抽渭灌区 9 月不引水外,其他月份由于交口抽渭灌区引水造成华县断面径流减少量为 0.01 亿～0.32 亿 m³,其中 3 月、12 月径流减少较多,超过了 0.3 亿 m³;各月径流量减少比例相差较多,最大的为 3 月,减少了 19.25%,其次是 12 月,减少了 17.3%,4～11 月减少比例较小,均不到 8.5%,见表 5-3。

表 5-3　1997～2006 年交口抽渭月引水量、华县断面月径流量情况统计

月份	1	2	3	4	5	6	7	8	9	10	11	12	汛期
华县断面月径流量(亿 m³)	1.24	1.14	1.30	1.71	2.95	2.31	4.86	5.68	6.90	9.32	2.95	1.53	26.76
交口抽渭引水量(亿³)	0.11	0.16	0.31	0.13	0.11	0.21	0.24	0.15	0	0.01	0.12	0.32	0.40
华县径流减少比例(%)	8.15	12.31	19.25	7.07	3.59	8.33	4.71	2.57	0	0.11	3.91	17.30	1.47

注:华县径流减少比例(%)指由于交口抽渭灌区引水造成的华县断面径流减少比例(%)。

5.2.3　泾惠渠和交口抽渭灌区引水对华县径流影响

从咸阳—华县区间各项水量平衡结果(见表 5-4)看,区间水量不平衡差为 6.69 亿 m³,为华县径流量的 15.79%,占咸阳—华县区间水量变化量的 30.80%。造成区间水量不平衡的原因同林家村—咸阳段,主要为区间渭河沿线城镇排水,据《陕西省水资源公

报》统计,1998～2005年咸阳—华县区间渭河沿岸城镇入渭废污水量年均5.23亿 m³。另外,未控区间径流及干支流水利工程的调蓄运用也是造成区间水量不平衡的原因。

表5-4　咸阳—华县区间水量平衡分析

项目	咸阳	华县	华县—咸阳	支流水量	交口灌区引水量	水量不平衡差
1997～2005年平均（亿 m³）	20.64	42.36	21.72	16.86	1.83	6.69
占华县比例（%）	48.73	100	51.27	39.80	4.32	15.79
占区间径流变化量比例(%)			100	77.62	8.43	30.80

通过对华县实测径流量与咸阳来水、泾河(张家山)来水、区间其他支流入渭及沿岸污水排入水量、泾惠渠和交口抽渭灌区引水进行多元回归分析,得到如下回归方程

$$W_{华县} = 1.155\,7W_{咸阳} + 0.518\,8W_{泾河} + 0.791\,9W_{其他} - 0.794W_{引水} - 0.287\,9 \quad (R^2 = 0.98)$$

$$(5\text{-}3)$$

式中:$W_{华县}$为华县站年实测径流量;$W_{咸阳}$为咸阳站年实测径流量;$W_{泾河}$为泾河张家山站来水量,为张家山河道站和泾惠渠引水量之和;$W_{其他}$为区间其他支流入渭及沿岸污水排入量;$W_{引水}$为泾惠渠灌区和交口抽渭灌区引水量。

由式(5-3)可以看出,华县径流量随咸阳来水量、泾河(张家山)来水量、区间其他支流入渭水量及沿岸污水排入量的增加而增加,随泾惠渠灌区和交口抽渭灌区引水量的增加而减少。在咸阳来水及咸阳—华县区间各支流来水量不变的条件下,泾惠渠灌区和交口抽渭灌区每引水1亿 m³,将造成华县断面径流量减小约0.794亿 m³。

利用式(5-3)分析泾惠渠灌区和交口抽渭灌区引水对华县断面径流的影响,结果见表5-5、图5-3。从表5-5可以看出,1997～2006年,泾惠渠灌区和交口抽渭灌区引水导致华县断面径流量平均减少了4.21亿 m³,径流减少了4.62%。各月径流减少量中,3月径流量减少最多,为0.59亿 m³,5月径流量减少最少,为0.16亿 m³。各月径流量减少比例为1.42%～21.82%,其中1月径流减少比例最大,9月径流减少比例最小。

表5-5　1997～2006年泾惠渠灌区和交口抽渭灌区引水造成华县断面径流减少量

项目	1月	2月	3月	4月	5月	6月	7月	8月	9月	10月	11月	12月	年
不引水时径流量(亿 m³)	1.65	2.30	4.44	4.17	5.54	6.80	8.77	10.79	11.97	13.91	10.53	10.23	91.10
引水时径流量(亿 m³)	1.29	1.87	3.85	3.87	5.38	6.47	8.38	10.42	11.80	13.71	10.15	9.70	86.89
引水造成径流减少量(亿 m³)	0.36	0.43	0.59	0.30	0.16	0.33	0.39	0.37	0.17	0.20	0.38	0.53	4.21
径流减少比例(%)	21.82	18.70	13.29	7.19	2.89	4.85	4.45	3.43	1.42	1.44	3.61	5.18	4.62

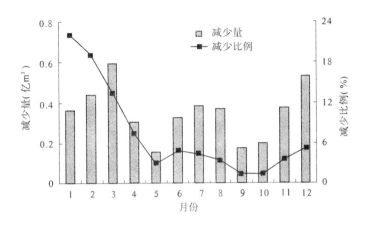

图 5-3　华县水文断面月径流减少情况

5.3　洛惠渠灌区引水对㳇头断面径流的影响

北洛河㳇头水文断面以上主要有洛惠渠灌区以无坝引水形式直接从北洛河引水。经分析，1997～2004 年北洛河㳇头断面实测径流量为 7.03 亿 m^3，洛惠渠灌区引水量为 1.95 亿 m^3，北洛河入渭水量为 5.08 亿 m^3，见表 5-6。

表 5-6　1997～2004 年北洛河（㳇头断面）水量情况统计

年份	1997	1998	1999	2000	2001	2002	2003	2004	平均
来水量（亿 m^3）	5.24	7.10	6.24	5.90	6.25	6.83	12.58	6.08	7.03
灌区引水量（亿 m^3）	2.42	1.88	1.65	1.96	1.42	2.46	1.81	1.96	1.95
入渭水量（亿 m^3）	2.82	5.22	4.59	3.94	4.83	4.38	10.77	4.12	5.08
入渭水量减少比例（%）	46	26	26	33	23	36	14	32	28

图 5-4 为北洛河入渭水量与其来水量的相关图，可以看出，北洛河入渭水量与其来水量存在较好的线性相关关系，其线性回归方程为

$$W_{入渭} = 0.915\,3W_{来水} - 1.387\,6　（R^2 = 0.984\,2）\eqno{(5-4)}$$

由式（5-4）可以得出，北洛河入渭水量与其来水量成正比，随来水量的增减而增减，其增减幅度同时受灌区引水量影响（见图 5-5）。

经分析，1997～2004 年由于洛惠渠灌区引水，北洛河㳇头水文断面年径流量平均减少 1.95 亿 m^3，减少了 28%；汛期径流量平均减少 0.41 亿 m^3，减少了 13%；从各月情况看，除 9 月外，其他月份因洛惠渠灌区引水致使北洛河的入渭径流量均有所减少，月减少

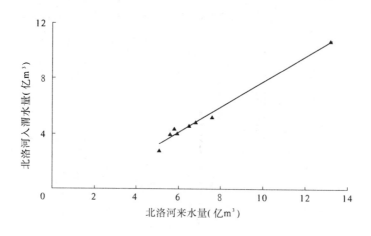

图5-4 北洛河入渭水量与其来水量关系

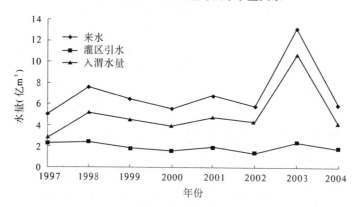

图5-5 1997~2004年北洛河(洑头断面)水量变化过程

量为0.05亿~0.36亿 m³,各月减少比例相差较多,减少比例为8%~71%,其中1~3月和12月减少较多,均在64%以上;10月减少最少,见表5-7、图5-6。

表5-7 1997~2004年北洛河(洑头断面)月水量情况统计 （单位:亿 m³）

月份	1	2	3	4	5	6	7	8	9	10	11	12	年	汛期
来水量 （亿 m³）	0.31	0.35	0.53	0.41	0.42	0.41	1.01	1.12	0.65	0.96	0.50	0.34	7.03	3.75
入渭减少水量(亿 m³)	0.19	0.22	0.36	0.20	0.13	0.12	0.20	0.16	0	0.05	0.11	0.20	1.94	0.41
入渭水量减少比例(%)	64	66	71	49	41	39	23	16	0	8	19	65	30	13

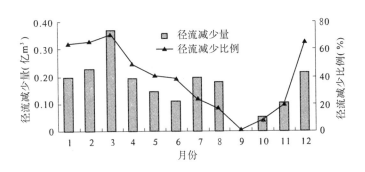

图 5-6   洑头水文断面月径流减少情况

5.4   关中灌区引水对渭河入黄径流的影响

1997～2004 年,渭河入黄水量年平均为 44.78 亿 m^3,其中渭河干流林家村来水量为 8.60 亿 m^3,区间引水量为 13.22 亿 m^3,区间支流来水量为 44.69 亿 m^3,城镇排水量为 6.55亿 m^3,水量不平衡差为 1.84 亿 m^3,分别占渭河入黄水量的 19%、30%、100%、15%、4%(见表 5-8)。

表 5-8   1997～2004 年渭河林家村以下河段水量平衡表

项目	林家村	引用水	支流来水	城镇排水	入黄水量	水量不平衡差
水量(亿 m^3)	8.60	13.22	44.69	6.55	44.78	1.84
占入黄水量比例(%)	19	30	100	15	100	4

由林家村以下河段干支流水量平衡分析结果可知,造成林家村以下河段区间水量不平衡的原因包括未控区间引水、未控区间径流及干支流水利工程的调蓄运用等。运用回归分析的方法,分析出渭河年入黄水量与林家村年径流量、支流来水量、关中灌区引水量的关系如下

$$W_{入黄} = 1.411\,8W_{林} + 0.986\,3W_{支} - 0.904\,5W_{引} \tag{5-5}$$

式中:$W_{入黄}$ 为渭河年入黄水量,亿 m^3;$W_{林}$ 为林家村断面年径流量,亿 m^3;$W_{支}$ 为林家村以下河段支流年来水量,亿 m^3;$W_{引}$ 为渭河关中灌区年引水量,亿 m^3。

式(5-5)的相关系数为 0.99,可以看出,渭河年入黄水量与林家村年径流量、支流来水量成正比,与关中灌区引水量成反比,关中灌区引水量越大,渭河入黄水量越小。在干流上断面来水量和支流来水量不变的情况下,关中灌区年引水量每增大 1 亿 m^3,渭河年入黄水量就减小约 0.9 亿 m^3。

第6章 结 论

渭河林家村以下河段支流众多,是渭河流域的主要增水区,区间产水量是林家村站来水量的5倍,与渭河入黄水量相当。同时,渭河两岸的关中平原也是渭河流域的主要耗水区。1997年以来,关中灌区年平均引水量13.22亿 m^3,是同期林家村来水量的1.5倍、区间产水量的30%。

表6-1给出了渭河华县和狱头不同时期实测径流量对比情况。由表6-1可以看出,近十年平均径流量分别为41.87亿 m^3 和7.69亿 m^3,分别较1950~1996年平均值减少了33.55亿 m^3 和0.71亿 m^3,相当于44.5%和8.45%。渭河入黄水量(华县+狱头)1997~2006年平均值(49.56亿 m^3)较1950~1996年平均值(83.82亿 m^3)减少了34.26亿 m^3。

表6-1 渭河华县和狱头不同时期实测径流量对比情况

断面	不同时段实测径流量(亿 m^3)											
	1919~1929年	1930~1939年	1940~1949年	1950~1959年	1960~1969年	1970~1979年	1980~1989年	1990~1999年	2000~2006年	1997~2006年	1956~2000年	1950~1996年
华县	57.28	83.46	94.04	85.53	96.18	58.95	79.16	43.79	46.08	41.87	70.55	75.42
狱头	5.15	7.36	8.68	7.44	10.12	8.16	8.20	7.12	6.83	7.69	8.38	8.40

1919年以来,华县和狱头实测径流量逐年对比情况见图6-1。由图6-1可以看出,狱头断面多年来径流量变化不大,而华县断面变化剧烈。

分析结果表明,关中灌区引水对渭河干支流径流量及其入黄水量产生了明显的影响,由于灌区引水造成渭河干支流径流减少量与引水量的比值(减引比)为0.8~1.0,整个关中灌区的减引比为0.90。具体为:林家村—咸阳区间年引水量每增大1亿 m^3,咸阳断面径流量减小约0.9亿 m^3;咸阳—华县区间泾惠渠和交口抽渭灌区年引水量每增大1亿 m^3,将造成华县断面径流量减小约0.8亿 m^3;关中灌区年引水量每增大1亿 m^3,渭河年入黄水量减小约0.9亿 m^3。

1997年以来,由于关中灌区引水造成入黄水量年均减少量11.9亿 m^3,是同期渭河入黄水量的27%,占1997~2006年渭河入黄减少量(34.26亿 m^3)的35%。

与宁蒙灌区一首制集中引水不同,关中灌区由渭河干支流多个灌区组成,渠首分散在

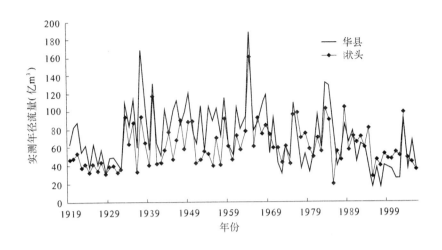

图 6-1　华县和㳇头 1919 年以来实测径流量逐年对比情况

干支流不同位置。除支流的冯家山水库、石头河水库、羊毛湾水库、桃曲坡水库四灌区利用水库供水外,较大的宝鸡峡、泾惠渠、洛惠渠三灌区的渠首只有调蓄能力有限的坝、闸,交口抽渭灌区为提水灌溉。后 4 个灌区引水占关中灌区引水量的 75%,但引水受河流来水影响大,保证率低。关中灌区管理水平在黄河流域处于较高水平,灌溉定额小,灌区退水量也小。根据《渭河流域重点治理规划》,关中灌区综合耗水量占引水量的比例在 0.81左右,在《黄河水资源公报》中,渭河干支流综合耗水量占引水量的比例在 0.87 左右,即关中灌区的引退水比为 0.13 ~ 0.19。因此,关中灌区的减引比为 0.90 左右是比较适宜的。